JN083857

簡単にできる
アクティブラーニングのコツ

オンライン授業の
ための
Zoom
レッスン

著／岸田典子・鈴木有香

本書は 超初心者が Zoomで 授業を活性化する

ための本です。
Zoom などのアプリケーションの最新情報を網羅したものでは
ありません。

ご利用の前に必ずお読みください。

　本書は、基本的な Zoom 操作とアクティブな授業のためのテクニックをご紹介するものです。読者のみなさまの状況に合わせて、参考になさってください。

　記載されている Zoom の情報は、2021 年 3 月現在の情報を元にしております。またパソコンの OS は、Windows10　を使用しております。

　そのほか、本書に記載されている会社名、製品名、サービス名、プログラム名などは一般に各開発企業、ならびにサービス提供元の登録商標または商標です。本文中では、^{TM}、®マークは明記しておりません。

　ソフトウェアは、随時バージョンアップされる場合があります。また、読者のみなさまのパソコン環境、ソフトウェアとの契約状況によって、本書での説明と機能・画面図などが異なってしまうこともあります。読者の皆様がご自身で操作しながら、最適な方法を見出すことが重要です。その点に関してはアプリ開発者、著者、実教出版が直接お手伝いはできないことであることをご理解ください。

　本書を参考にまずは Zoom 操作や関連アプリの使用の山道の 2 合目程度までを昇っていきましょう。

●お問い合わせにつきまして

本書は、すべての製品やサービスを紹介しているものではありません。

本書に関するご質問は、本書に記載されている内容にものするもののみとさせて頂きます。

つきましては、本書の内容と関係のないご質問、ソフトウェア・ハードウェア・サービスの不具合にはお答えできませんのでご了承ください。

また、電話・メールでのご質問は受け付けておりませんので、必ずFAXか書面にてお送りください。

なお、ご質問の際には、必ず以下の項目を明記して頂きますようお願いいたします。

1，お名前
2，返信先の住所またはFAX番号
3，本書の該当ページ
4，ご使用のZoomのバージョン、パソコンのOS
5，ご質問内容

なお、ご質問の内容によっては、お答えが出来かねる場合と、お答えするまでにお時間がかかる場合がございます。回答の期日をご指定なさってもご希望のお応えできるとは限りません。あらかじめご了承くださいますよう、よろしくお願いいたします。

お問い合わせ先

東京都千代田区五番町5

実教出版株式会社　企画開発部あて

FAX　03-3238-7738

もくじ

はじめに

　コロナ禍の中、リモートワークの広がりとともにZoomがあちこちで活用されるようになりました。まだ使ったことがない人、使い方がわからない人、参加はできるけどホストにはなったことがない人、まったくよくわからないという方も多くいらっしゃることでしょう。緊張や心配をしないで、オンライン・ミーティングやオンライン授業ができるようになりたいと思っている方もいらっしゃることでしょう。

　ビジネスの打合せだけでなくZoom飲み会のように、気楽にオンラインで会話することも広まっています。

　Zoomが使えるようになると、安心してオンライン授業ができるようになるだけでなく、サポートが必要な人を助けることができるようになります。自分から人とのコミュニケーションやつながりを作りだせるようになり、世界が広がっていきます。

　Zoomを通して、国内だけでなく世界中の人と自由に会話をし、学びあう環境ができているのです。ぜひ新しい大きなチャンスをつかみとってください。

　新型コロナウィルス感染症対策のために急遽オンラインで授業をしなければならなくなったITの苦手な教員のためのICTセミナーを異文化コミュニケーション学会が主催しました。本書は、著者2人が担当した初級、中級コースの内容をまとめたものです。このコースを教える機会を通して、多くの人がなぜつまずくのか、難しく感じるのかがだんだんわかってきました。

　そのため、本書はツールや機能そのものを伝えるよりも、基本機能だけで授業をスムーズに行い、魅力あるものにし、普段PCを使い慣れていない人も自分でイベントを主催できるようになることなどを目指しています。

　高度な技能、ツール・サービスを紹介する情報もたくさんありますが、本書では難しいことは省略します。一般の人が、楽しく参加してコミュニケーションをするための最低限の基礎知識、これだけできればなんとかなるという情報に絞るよう心がけました。

　難しい技はなくても、参加者が身を乗り出して、楽しかった、おもしろかった、参加してよかったと言ってくれることは可能です。そのための最初の一歩になればうれしいです。

■本書の使い方

本書の使い方ですが、みなさんの理解度とニーズに応じて読む章を選んでいただければと思います。目次を参考にご自身の必要なところからお読みください。必ずしも最初から読む必要はありません。参考までに以下のような読み進め方をご提案します。

こんなときに…	本書で読むべき箇所
パソコンの基礎操作に自信がない方	**0章** の用語と操作をまず確認してください。その後、**2章** から順番に読み進めてください。
そもそも Zoom がなぜ良いのかを知りたい方	**1章** をご参照ください。
Zoom のアプリのインストールをしたい方	**2章** から順番に読み進めてください。
Zoom に参加したことがあるが、ホストの経験があまりない方	**2章** の「ホストになるための設定」を参考に設定をしておくと後々の Zoom 操作がやりやすくなります。
ホストとして初歩的な機能から学びたい方	**2章** の「ホストが Zoom を使いやすくするための設定」を確認してから、**3章** の基本操作をご確認ください。
ホストや共同ホストのできることが知りたい方	**5章** ではホスト／共同ホストができるさまざまな機能を紹介しています。プレゼンテーションを効果的にする方法、講義の録画（レコーディング）など授業に彩りを添える機能を紹介しています。
効果的にブレイクアウトルームを作りたい方	**6章** の設定と操作を確認し、4人（機材4台）以上で、実際に Zoom ミーティングをしながらお互いに操作して練習することをお勧めします。
授業で参加者に協同作業をさせたい方	**6章** でブレイクアウトルームの操作を理解した上で、**4章** のホワイトボードと **7章** の協同作業用のツールを使用してみてください。
Zoom 上でどのようにコミュニケーションをとればいいかを知りたい方	オンライン上の効果的なコミュニケーション方法、教室内のテクニックに関心のある方は **8章** をご参照ください。語りかけ方、目線のコツ、参加者が活発に発言しやすい雰囲気を作るコツとアイスブレイク活動を紹介します。

本書では、便宜上、以下のような用語を使っていきます。

教員：授業や研修を主催して、参加者をリードする人、グループ活動などをファシリテーションする人

参加者：学生、生徒、受講生など、授業や研修に参加する人

0章 Zoomの前に

Zoomの講座を始める前にパソコンの基礎を少しだけ確認しておきたいと思います。
パソコンの苦手な方、初心者の方がつまずきやすいところです。

 わかっている人は、この章は飛ばしてね。

1. 用語のチェック

まず言葉の確認です。

・**カーソル**	キーボードやマウスで、今、まさに動かして入力している場所を示す縦線。（ピコピコしているところです）
・**スクロール**	パソコン画面の見える位置を上げたり下げたりして動かすこと。
・**クリック**	マウスをカチッと押すこと。 本書でのクリックマークはこれです。
・**ドラッグ**	移動させたいもの（ファイル・画像など）を選び、マウスの左側を押したまま動かすこと。
・**ツールバー**	パソコンやソフトウェアのアイコン付きのボタンがある帯状（バー）の部分
・**リンク／URL**	http://www.google.com （Googleのトップページ） https://zoom.us/jp-jp/meetings.html （Zoomのトップページ）のように、ウェブ上のどこにあるのかを示すアドレスのことをURLといいます。 この下線の引いてある部分をクリックするとそのウェブサイトを開くことができます。このような状態を「リンクが貼ってある」といいます。

・**ファイルとフォルダー** ファイルとは、データのこと。

画像ファイル、テキストファイル、文書ファイルなどの一つ一つをすべて「ファイル」といいます。

フォルダーは、ファイルを収納する箱やバインダーのようなものです。

【フォルダーとファイルの例】

フォルダーの例	ファイルの例
⊘ 1学期成績　⊘ 講義資料	📊 異文化コミュニケーション講義1月度.pptx 📊 環境論テスト結果01.xlsx 📝 環境論テスト1月度.docx 📄 エリアMＡP.pdf 📄 リンク情報メモ.txt 🖼 画像1.jpg

2. パソコンの基礎

Word、Excel、PowerPoint などのファイルの右上の角や、インターネットを開いたときの右上の角には　─　□　×　のマークがついています。

─　□　×

×　をクリックすると、そのファイルを閉じて終了します。（終了）

─　は、ファイルを閉じられて、画面上からは消えますが、すぐに広げることができます。（一旦閉じるが終了しない）

─　❐　×

□は、ファイルのサイズを調節します。

❐　は、パソコンの画面に最大のサイズ（全画面表示）になった状態です。

❐　になっているときは、ここをクリックすると小さくなります。

□　をクリックすると、画面一杯に広がり最大のサイズになります。

□　が表示されているとき、ファイルの端にカーソルをあてると、

⇔　のマークがでます。それをカーソルで左右に動かすと表示の大きさを変えることができます。

◆2画面を並べてみよう

　Google のトップ画面と Zoom の画面の 2 つの画面の大きさを調節して、並べてみましょう。Zoom を使っている時、他の画面を同時に動かすことができない人は、初心者コースでは珍しくありません。

　この 2 画面を同時に開いて作業ができないと、Zoom を使う上で不便なので、ぜひできるようになってください。

＜ Google のトップ画面＞　　　　＜ Zoom の画面＞

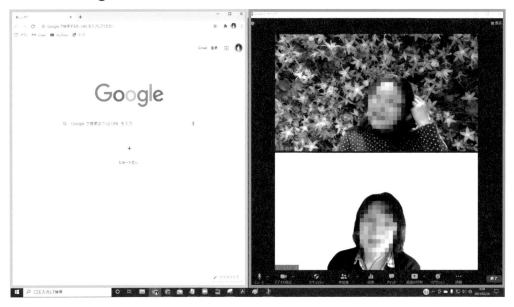

◆Zoomの画面が消えた?!

　「Zoom の画面が、パソコン画面上から消えた！」とおっしゃる方がときどきいらっしゃいます。画面上のどこかで以下のように小さくなっているかもしれません。

　右隅の緑の矢印をクリックすると大きくなります。

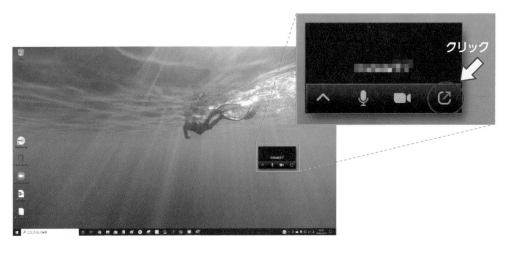

また、パソコンの画面上にたくさんのファイルを広げたために、Zoom の画面が下に隠れてしまう人もいます。広げたファイルを閉じれば（p.9 の×マーク）、Zoom の画面がでてきます。あるいは、Zoom がパソコン画面上から見えなくなっても、Zoom を閉じて終了させていないのであれば、パソコンの画面の一番下（タスクバー）に Zoom のアイコンがでています。それをクリックすれば、元の画面に戻ります。

　本番で慣れないことが起こるとドキドキすると思いますが、困った時の対策を覚えておけば慌てず対応できます。

クリック

パソコンの画面はテーブルのようなもの。たくさんのファイルを広げていると、テーブルの上に書類が重なって、見たい書類が探せない状態と同じだね。

◆画面操作で困ったら　ESC（エスケープキー）を押そう

　もしも画面が思うように動かせないなどの困った時には、パソコンのキーボード左上の角にある ESC（エスケープキー）を押してみてください。

　ESC キーは、「キャンセル」のためのキーで、作業を取り消すときに使います。

1章 Zoomのサービスとは

1. Zoomのサービスとは

Zoomとは、双方向のビデオ会議システムのことで、標準100名、オプションを使えば最大1000名までのアクセスが可能です。

無料プランでは、2人での会議は時間無制限ですが、3人以上の会議は40分までとなっています。（制限時間切れになったら、再び接続し直しながら利用することは可能です。）

教育関係者（学校のメールアドレスをお持ちの場合など）向けのサービスについては随時、Zoomのサイトをご確認ください。

個人でも気軽に利用できる個人／小規模チーム向けの有料アカウント「Zoom Pro」（月額2000円・税別）があります。仕事としてZoomを継続的に利用する場合は、無料アカウントではなく、有料アカウント「Zoom Pro」を検討されるとよいと思います。（2021年3月現在）

Zoom 無料と有料の違い

	無料	有料
1対1での利用	できる	できる
3人以上での利用	40分まで	制限時間なし
100人までのミーティング	できる	できる 追加オプション購入で対応人数を増やせる。
共同ホスト	利用できない	利用できる
録画	使用しているPC内に録画データを保存できる（ローカル保存）	使用しているPC内に保存するローカル保存も、Zoomのクラウド上に保存するクラウドレコーディングも利用できる（容量1GBまで） 追加オプション購入で保存容量が増やせる

その他、中小企業向け、大企業向けなどのプランもあります。

◆ZoomミーティングとZoomビデオウェビナーの違い

　ウェビナーとは「ウェブ」の「セミナー」の造語です。オンライン・ミーティングよりも、多くの聴衆に向けて、情報発信をするタイプのサービスです。講演会のように、発表者（パネリスト）の話に多くの聴衆が耳を傾けるタイプのイベントに向いています。

　ウェビナーでは、発言を許可された人以外は、参加者からの音声がでません。

　Zoom ミーティングを使ってもウェビナーのような講演会をすることはできますが、主催者（ホスト）は、参加者からの雑音がでないようにミュート（マイクオフ）の状態を保つよう常に注意を払わなくてはなりません。

　Zoom ビデオウェビナーと比べると、Zoom ミーティングはよりインタラクティブなコミュニケーションが可能です。教師側からの一方通行の講義だけなら、あえて Zoom を選ぶ必要もありません。しかし、Zoom ミーティングには教室内コミュニケーションを活発にするさまざまな機能があります。それらの機能と学習活動を結び付けることでアクティブで創造的な授業を展開することができます。

・Zoom ビデオウェビナーを利用するには

　Zoom ミーティングの「Zoom Pro」という有料アカウントを持っている場合、オプションとしてウェビナーのサービスを 1 か月単位で追加契約をすることが可能です。なお、ビデオウェビナー単独の契約も可能です。

・その他の Zoom のサービス

　その他の Zoom のサービスの詳細や金額については、Zoom のサイトからご確認ください。

◆なぜ授業やワークショップのツールとしてZoomが選ばれるのか

　オンライン会議のツールには、さまざまなサービスがでていますが、なぜ、授業や研修の場でZoomがこんなに使われているのでしょうか。

　Zoomの初期の顧客にスタンフォード大学の生涯教育部門があり、大学教育向けのサービスを充実させるために一緒に開発に取り組んだと言う経緯があります。単なる打合せや会議だけでなく、アクティブラーニングや個別指導などの学習活動に合わせた指導が平易な操作でできることがZoomの大きな魅力です。結果、Zoomは教育界に強く、全米の大学ランキング上位200校の95％がZoomを導入し、Fortune 500にランキングされている企業の1/3がZoomの顧客となっています。顧客のニーズに合わせるために、セキュリティ関連の機能を強化して改善し続けています。

　私たちが教育・授業の場でZoomをおすすめするのは、特に以下の理由からです。

1. 抜群の安定性

　Zoomは、100名のような大人数であっても、全員がビデオオンで顔を出してミーティングをしても画像・音声ともに安定しているという抜群の安定性をもっています。

　人数が多いときや参加者の顔を見て授業をしようとしたとき、Zoomと他のツールの違いに気づかれることでしょう。

2. 初心者が簡単に扱える

　オンライン授業のためのツールを選ぶ際は、ITやパソコンに詳しくない人でもホストとして操作できるだけでなく、オンラインでのミーティングに慣れていない参加者でもスムーズに使えることが必要です。Zoomはホストにとっても参加者にとっても操作が簡単だと言われています。

3. 授業のアクティビティで利用できるツールが使いやすい

　オンライン授業の場合、多くの人数を相手にコミュニケーションをし、かつ資料を共有したり、ホワイトボードに書き込んだりするアクティビティが行いやすいことが大切です。Zoomには以下のようなツールが用意されています。

・ブレイクアウトルーム機能（グループワーク）

　Zoomでは、参加者を小部屋に分けて会話をするようなグループワークに最適なブレイクアウトルーム機能があります。最大で50室まで分けることができます。細かい設定が自由にでき、その使いやすさやスピードでもすぐれています。（参照：　6章　ブレイクアウトルーム）

・画面共有

スライドや PDF などを画面共有により、発表内容を参加者全員に見せることができます。また、動画や音楽を参加者全員と共有することができます。(参照： **4章** Zoom の操作 基礎 2)

・チャット

Zoom 上で文字を記入して送信し、参加者からの質問や感想を受けたり、注意事項を参加者に伝えたりといったコミュニケーションツールとして活用できます。チャット上に書かれた文章やメモは保存することができます。Zoom のチャットからファイルを添付して送信したり、URL を知らせたりすることも可能です。(参照： **3章** Zoom の操作 基礎 1)

・他のツールとの連携

Zoom の授業を行っているときに、Zoom 以外の他の便利なツールを活用することができます。例えば、Google のさまざまなサービス(スプレッドシート、スライド、ドキュメント、Jamboard など)を Zoom の授業中に活用することができます。(参照： **7章** 授業に役立つ Zoom プラス)

4. セキュリティ

Zoom の利用者が急拡大した一時期、Zoom のセキュリティへの懸念が話題になったことがありました。現在はセキュリティが強化され、安心して使用できるレベルになっています。セキュリティの問題の多くは、ユーザーの運用で防ぐことができます。本書では、そういった点についても触れています。(参照： **5章** Zoom ミーティングのホストと共同ホスト)

2章 Zoomのセットアップ

では、Zoom を使って、楽しいオンライン授業やオンライン・ミーティングができるよう準備をしましょう。

1. Zoomを利用する際の準備

◆Wi-Fi環境

映像や通信が途中で途切れることがないレベルのインターネット接続環境にしておくことは必須です。

授業中に、教員（ホスト）がオンラインから消えてしまったら、授業が成立しなくなります。参加者も Wi-Fi 環境が不安定では落ち着いて授業に参加できません。安定した通信環境をまずは確保してください。

参加者同士が近い場所にいて、複数のパソコンで Zoom に参加するとハウリング（キーンとしたいやな音）が起きます。同じ室内から複数の人が参加する場合は、できるだけ離れた場所で PC 操作するようにしましょう。

◆パソコン

授業をする教員はパソコン利用が前提になります。授業のための操作、参加者の様子を注意深く見るためには、モニター画面が大きいものが使いやすいです。参加者も授業の体験をよりよいものにしたいならパソコンの利用をお勧めします。アプリでの復習や移動中も学習するなどスマートフォンの活用も広がっていますが、この本の目指すインタラクティブな授業を十分に味わって積極的に参加するためには、パソコンがベストです。

◆イヤホンマイク（イヤホンにマイク機能がついているもの）またはヘッドセット

まわりの雑音をひろわず、音声をクリアに相手に届けるために必要です。

◆できるだけ１人で、邪魔をされない静かな場所を確保しましょう

オンライン授業では、いろいろな突発的なことが起こる可能性がありますが、トラブルが起こるリスクを下げるようにしましょう。

2. Zoomのミーティングに参加する方法 【他の人からZoomに招待されたとき】

方法1　Zoom のミーティング URL から参加する

Zoom の案内のメールなどに書かれたリンク（URL）をクリックします。

（青い下線の部分をクリックします）あとはパスコードを入力するだけです。

↓　　↓　　↓

https://us02web.zoom.us/j/8■■■■8?pwd=eTJ0V2hrN■■■TlLT1lsZG1jdz09
ミーティング ID: ■■ ■■■ ■■8　　パスコード : ■■■■7

方法2　デスクトップの Zoom のアプリから参加する方法

1) Zoom をダウンロードしてある場合、パソコン上にある「Zoomのアイコン」をクリックします。

 クリック

または、Windows のマークを押して、アルファベットの Z を探し、Zoom をクリックすることも可能です。（Windows マークの横の検索窓に Zoom と入力することも可能です）

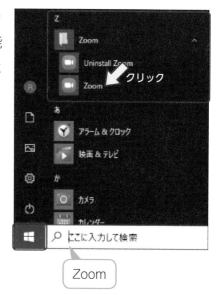

Zoom

2) サインインをします。

❶ Zoomのアプリが立ち上がったら、サインインをクリックする。
（登録したメールアドレスとパスワードを入力）

❷ 「ログインしたままにする」にチェックする。

❸ サインインをクリックする。

3) Zoom アプリのメニューが立ち上がります。

4) 参加のボタンをクリックします。

[Zoom のアプリ画面]

5) 「ミーティングに参加する」の画面がでたら、ミーティング ID と自分の名前を入力する。

6) パスコードを入力して、「ミーティングに参加する」をクリックする。

3. Zoomのインストール

　Zoom は、公式ホームページで配布されており、自分でダウンロードできます。ダウンロードには時間はかからず、数秒でインストールできます。

❶　Google の検索窓に　Zoom、zoom　などと入れる。

❷　検索結果が表示され、Zoom ミーティング -Zoom　が一番上に表示されます。そこを**クリック**する。

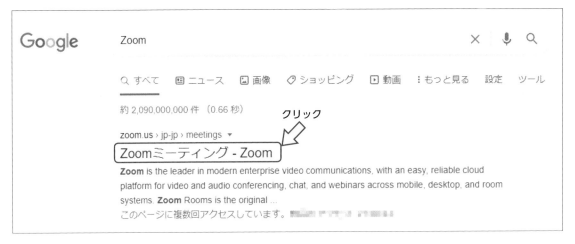

https://zoom.us/jp-jp/meetings.html

というページが開き、その画面の一番下にある「ダウンロード」をクリックする。

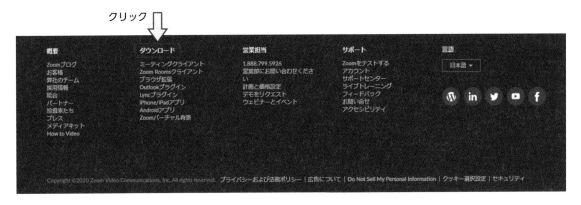

Zoom のダウンロード用のページが開く。

その一番上にある**「ミーティング用 Zoom クライアント」**をダウンロードする。

https://zoom.us/download#client_4meeting

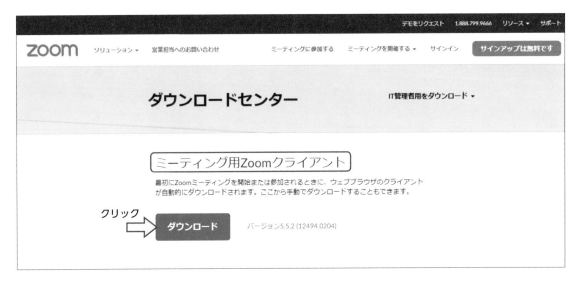

4. スマートフォンやタブレットで参加できるようにする

　Zoom のアプリをダウンロードすれば、利用できる機能は制限されますが、スマートフォンやタブレットでも使用できます。

iPhone
App Store で「Zoom」を入力して検索。
「Zoom Cloud Meetings」というアプリをダウンロードする

Android
Google Play ストアで「Zoom」を入力して検索。
「Zoom Cloud Meetings」というアプリをダウンロードする

5. Zoomのアカウントを作りましょう

　Zoom のアカウントを作ります。
　アカウントをもつと、自分が Zoom ミーティングを主催して開くことができます。

1) Zoom のトップページ
　　https://zoom.us/　を開きます。

2)「サインアップは無料です」をクリックします。
　　自分のメールアドレス（メールを受信できるメールアドレス）を入力します。
　　Facebook での連携は、お勧めしません。Facebook を使っていない PC でアクセスする必要があったときに使いにくいことがあります。

3) Zoom の自動インストール

初めて Zoom に参加するとき、Zoom ミーティングのリンクをクリックすると自動的にアプリがダウンロードされます。

ダウンロードしたファイルをダブルクリックしてください。
アプリのインストールが自動で始まります。

6. Zoomのミーティングをスケジュール設定する方法 【自分から他の人をZoomに招待するとき】

　ミーティングのスケジュールを設定すると、参加してもらいたい人に Zoom ミーティングの URL(リンク)、ミーティング ID、パスコードなどのミーティングの参加情報を事前に共有できます。

方法1　Zoom のデスクトップアプリから設定する方法
1) スケジュールをクリックします。

2)「ミーティングをスケジューリング」の画面が立ち上がります。
必要な設定をしましょう。

ミーティングをスケジューリング ✕

トピック

Zoom meeting invitation - ░░░░░░ ░░░░░░のZoomミーティング

開始日時: 木 4月 1, ░░░ ❶ ⌄   10:00 ❷ ⌄

持続時間: 1 時間 ❸ ⌄   0 分 ❹ ⌄

☐ 定期的なミーティング ❺   タイム ゾーン: 大阪、札幌、東京 ⌄

ミーティングID ❻

🔘 自動的に生成   ◯ 個人ミーティングID ░░░ ░░░ ░░░

セキュリティ

☑ パスコード [░░░░░] ❓ ❼
招待リンクまたはパスコードを持っているユーザーだけがミーティングに参加できます

☑ 待機室
ホストに許可されたユーザーだけがミーティングに参加できます

☐ 認証されているユーザーしか参加できません: Zoomにサインイン

ビデオ ❽

ホスト: ◯ オン 🔘 オフ   参加者: 🔘 オン ◯ オフ

オーディオ ❾

◯ 電話   ◯ コンピューターオーディオ   🔘 電話とコンピューターオーディオ

日本と米国からダイヤルイン 編集

カレンダー ❿

◯ Outlook   🔘 Google カレンダー   ◯ 他のカレンダー

詳細オプション ⌄ ⓫

↖ クリック

[保存] [キャンセル]

詳細オプション ∧ ⓫

☐ 任意の時刻に参加することを参加者に許可します

☐ エントリー時に参加者をミュート

☐ ミーティングを自動的にレコーディングする

☐ 追加のデータセンターの地域をこのミーティングに対して有効化

☐ 特定の国/地域からのユーザーのエントリを承認またはブロック

代替ホスト：

[john@company.com]

[保存] [キャンセル]

> 更新によって、文言が変わるけど気にしないでね。

❶ 「﹀」をクリックするとカレンダーが表示される。ミーティングを設定したい日付を選択する。

❷ ミーティングの開始時間を設定する。「﹀」をクリックすると時間が選択できる。

❸ ミーティングの所要時間（時間）を設定する。

❹ ミーティングの所要時間（分）を 0 分、15 分、30 分、45 分から選択する。

スケジュールの予定で設定した時間より早く開始することも、延長することも可能。ただし、同時に別のミーティングを立ち上げることはできない。

❺ 定期的なミーティング （後述）

❻ ミーティング ID

自動的に生成

セキュリティ・パスコードに 1 回限りの番号が自動的に表示される。

新しい人たちと 1 回限りのイベントを行うときに向いている。

個人ミーティング ID

あなたの固有の Zoom の ID で、番号の変更も可能。

知っているメンバーと定期的にミーティングを行うときに向いている。

たくさんのグループ（クラス）が、異なる日時で参加する場合、いつも同じ ID を使っていると間違った参加者が入ってしまうことも起こりえるので注意。

❼ セキュリティ

❻ で自動的に生成をチェックすると、パスコードに 1 回限りの番号が自動的に表示される。

❽ ビデオ

Zoom に参加したとき、ビデオが自動的にオンになるかオフになるか。

Zoom に参加した後で自由に変更できるので、ここはどちらでもよい。

❾ オーディオ

電話とコンピューターまたは　コンピューターオーディオにチェック

（電話はほとんど使われることはない）

❿ カレンダー

Zoom のスケジュールを入れると、自動的にカレンダーにその予定と Zoom のリンク、ミーティング ID、パスコードなどの情報が記入されるので便利である。

［カレンダーでの表示例］

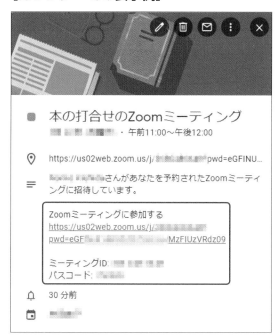

⓫ 詳細オプション

「∨」マークをクリックすると、詳細項目が表示される。

つけておくと便利だと思う項目があればチェックマークを入れる。

（チェックをつけなくても困ることはありません。）

青色の保存マークをクリックするとミーティングの予約ができる。

方法 2　Zoom のウェブページにログインしてスケジュール設定する方法

Zoom のトップページ (https://zoom.us/) から自分のアカウントにサインインする。

「サインイン」をクリックする。

直接マイアカウントに行かない場合は、サインインをしてください。

　ログインして、あなたのプロフィール画面が開いたら、左端「プロフィール」のすぐ下にある「ミーティング」の部分をクリックすると下の画面がでます。

　ミーティングのページの右端にある「ミーティングをスケジューリング」をクリックするとスケジュールの記入画面がでます。
　記入内容は、＜Zoom のデスクトップアプリから設定する方法＞（p.22 ～ 25）と同じです。

7. 「定期的なミーティング」の設定方法

定期的なミーティングが繰り返される場合、毎回の日時の設定が不要になります。
反復または繰り返しを慎重にチェックしてください。

【アプリで設定する方法】

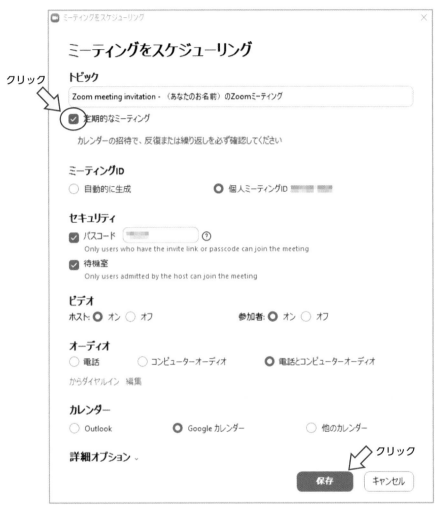

【Webページからの設定】

定期的なミーティングをどのようなタイミングで実施するかを登録します。

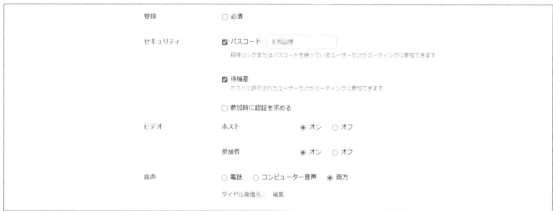

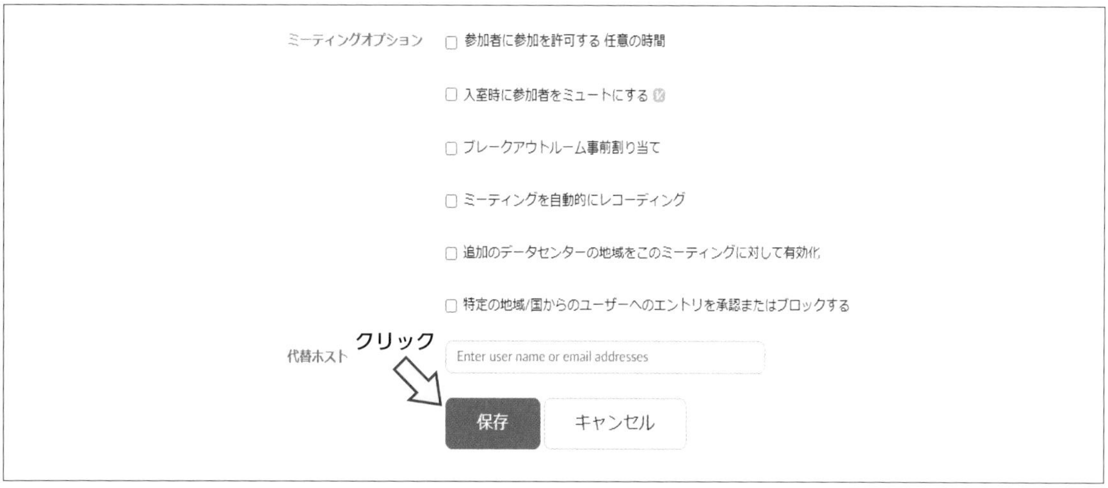

ミーティングオプション ☐ 参加者に参加を許可する 任意の時間

☐ 入室時に参加者をミュートにする ✍

☐ ブレークアウトルーム事前割り当て

☐ ミーティングを自動的にレコーディング

☐ 追加のデータセンターの地域をこのミーティングに対して有効化

☐ 特定の地域/国からのユーザーへのエントリを承認またはブロックする

代替ホスト　クリック　[Enter user name or email addresses]

[保存]　[キャンセル]

8. 参加者を招待する方法

　スケジュールを設定した情報の中から、以下の情報を参加してほしい人にメール等で共有すれば OK です。

https://us02web.zoom.us/j/▓▓?pwd=eTJ0V2hrNV▓▓▓ZG1jdz09
ミーティング ID: ▓▓▓▓ ▓▓▓ パスコード : ▓▓▓▓

　Zoom 参加に必要な情報はこれだけです。

　初めて使う人に案内するときは、「このリンクをクリックしてね」と教えてあげてください。

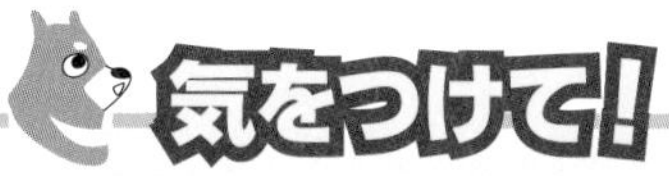

気をつけて！

　Zoom ミーティングの参加情報（Zoom のリンク、ミーティング ID、パスコード）は、**不特定多数が見る SNS ページで公開するのは危険だよ。**関係ない人がだれでも入ってくる状態にしておくと、妨害する人が参加する危険をみずから招いていることになるよ。

9. 新規ミーティング

新規ミーティングをクリックすると、すぐに Zoom ミーティングが始まります。
この場合は、「自動に生成された」ID（1 回限りの ID）になります。
個人ミーティング ID ではありません。（p.24 ❻参照）

　Zoom の画面が開いたら、左上の角にある緑色のチェックマークをクリックしてください。ここに書かれている招待リンクをコピーすれば、入れない参加者がいた場合にもすぐに Zoom の URL を伝えることができます。

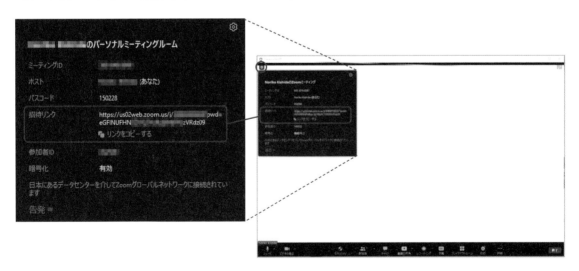

10. Zoomのアップデート (更新)

　Zoom は、頻繁にバージョンアップしています。ときどき確認して必ずアップデート (更新) しましょう。怠ると使えない機能やトラブルが起きる原因になります。

　タブレットやスマートフォンは、通常のアプリの更新と同様に更新できます。

　パソコンの場合は、使用する一台ずつの機器に対して Zoom のアップデートが必要です。

　まず、パソコンの Zoom のデスクトップアプリを立ち上げてください。**自分のアイコンをクリック** (クリック❶) すると **「アップデートの確認」** という項目があります。(クリック❷) そこをクリックしたときに、**「最新の状態を保っています」** と表示されれば OK です。

更新があるときは、Zoom のデスクトップ・アプリの上部にこのように表示されます。

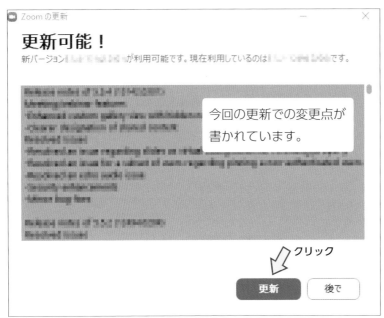

今回の更新での変更点が
書かれています。

クリック

数秒で更新されます。

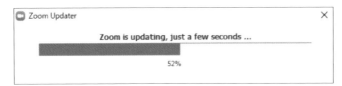

11. Zoomを使いやすくするための設定

Zoom を使いやすくするための設定です。

設定は 2 種類あります。

まず、基本となる ❶ウェブページからの設定をしましょう。その後で、❷の Zoom の
アプリからの設定をします。

❶をやっておくと、後々の操作がスムーズになります。

❶ Zoom のウェブページの設定

＜ Zoom のウェブページにログイン＞

Zoom のトップページから自分のアカウントにログインする。

「マイアカウント」をクリックする。

あなたのプロフィール画面が開いたら、左端「プロフィール」の下にある「設定」の部分をクリックする。

たくさんの項目がありますが、授業に役立つこと、Zoom を使いやすくする設定ができているか次のチェックポイントだけ確認しましょう！

職場や企業などで配布された Zoom アドレスの場合、基本設定の項目の文章が異なっている場合があるよ。同様の項目にチェックが可能であればしておこう

zoom ソリューション ▾ プランと価格 ミーティングをスケジュールする ミーティングに参加する ミーティングを開催する ▾

個人
- プロフィール
- ミーティング
- ウェビナー
- 記録
- **設定**

管理者
- › ユーザー管理
- › ルーム管理
- › アカウント管理
- › 詳細

ミーティング　記録　電話
───────────

セキュリティ

すべてのミーティングを1つのセキュリティオプションで保護する必要がある
すべてのミーティングをパスコード、待合室機能、または「認証されたユーザーのみがミーティングに参加可能」のいずれかのセキュリティオプションで保護する必要があります。どのセキュリティオプションも有効にしないと、Zoomは待合室機能を使用してすべてのミーティングを保護します。☑

ⓘ 新しいセキュリティガイドラインにより、この設定は変更できなくなりました。詳細については、アカウント管理者にお問い合わせください。　✕

待機室　　　　　　　　　　　　　　　　　　　　　　　　　変更済み　リセット
参加者がミーティングに参加する際、待機室に参加者を配置し、参加者の入室を個別に許可させるようにホストに求めてください。待機室を有効にすると、参加者がホストの前に参加できる設定が自動的に無効になります。

待機室のオプション
ここで選択するオプションは、「待機室」をオンにしたユーザーがホストするミーティングに適用されます

✓ 全員 will go in the waiting room

> 💬 どんどんカーソルを下げてね。「チャット」まで下げてね。

> 💬 まだまだ下にも項目があるよ。赤枠の項目だけ確認してね。あきらめないで下げてね。

ミーティングパスコード　　　　　　　　　　　　　　変更済み　リセット
ユーザーがクライアントまたはルームシステムを介して参加できるインスタントミーティングやスケジュールされたミーティングは、すべてパスコードで保護されます。パーソナルミーティングID（PMI）ミーティングは含まれません。

個人ミーティングID（PMI）パスコード
クライアントまたはルームシステムを介して参加できるすべてのパーソナルミーティングID（PMI）ミーティングがパスコードで保護されます。

Passcode: ****** Show 編集

電話で参加している出席者に対してはパスコードが必要です
ミーティングにパスコードが設定されている場合、参加者に対しては、数字のパスコードが必要です。英数字のパスコードが設定されているミーティングの場合、数値バージョンが生成されます。

ワンクリックで参加できるように、招待リンクにパスコードを埋め込みます
ミーティングパスコードは暗号化され、招待リンクに含まれます。これにより、パスコードを入力せずに、ワンクリックで参加者が参加できます。

認証されているユーザーしかミーティングに参加できません
参加者はミーティングに参加する前に認証する必要があり、ホストはスケジュール時に認証方法のいずれか1つを選択できます。詳細情報

ミーティング認証オプション：
Zoomにサインイン (Default)　編集　選択内容を非表示

待合室を有効にすると、電話のみのユーザーは待合室に配置されます。
待合室を有効にしないと、電話ダイヤルイン専用ユーザーは次のように対応されます：
🔘 ミーティングへの参加が許可されています
⚪ ミーティングへの参加がブロックされています

> 💬 Zoomはしばしば更新されてるよ。
> 項目の文章がない、異なるものがあるかもしれないけど、同様のものにチェックが可能であればしてね。

チャットは必需品です！

チャット ⬤
ミーティング参加者が参加者全員に見える形でメッセージを送信できるようになります

☐ 参加者がチャットを保存しないようにする ⓥ

学校によっては、プライベートチャットを禁止しているところもあります。

プライベートチャット ⬤
ミーティング参加者が別の参加者に1対1のプライベートメッセージを送信できるようになります。

チャット自動保存 ⬤ 変更済み リセット
ミーティング中のチャットをすべて自動的に保存するため、ホストはミーティング開始後にチャットのテキストを手動で保存する必要がありません。

誰かが参加するときまたは退出するときに音声で通知 ◯

ファイル送信ができると便利です。学校、企業によっては禁止しているところがあります。

ファイル送信 ⬤
ホストと参加者はミーティング内チャットを通じてファイルを送信できます。ⓥ

☐ 指定のファイルタイプのみを利用できます ⓥ

☐ 最大ファイルサイズ ⓥ

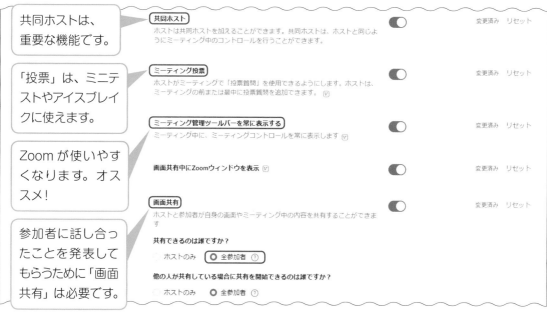

共同ホストは、重要な機能です。

共同ホスト ⬤ 変更済み リセット
ホストは共同ホストを加えることができます。共同ホストは、ホストと同じようにミーティング中のコントロールを行うことができます。

「投票」は、ミニテストやアイスブレイクに使えます。

ミーティング投票 ⬤ 変更済み リセット
ホストがミーティングで「投票質問」を使用できるようにします。ホストは、ミーティングの前または最中に投票質問を追加できます。ⓥ

Zoom が使いやすくなります。オススメ！

ミーティング管理ツールバーを常に表示する ⬤ 変更済み リセット
ミーティング中に、ミーティングコントロールを常に表示します ⓥ

画面共有中にZoomウィンドウを表示 ⓥ ⬤ 変更済み リセット

画面共有 ⬤ 変更済み リセット
ホストと参加者が自身の画面やミーティング中の内容を共有することができます

参加者に話し合ったことを発表してもらうために「画面共有」は必要です。

共有できるのは誰ですか？
◯ ホストのみ ⦿ 全参加者 ⓐ

他の人が共有している場合に共有を開始できるのは誰ですか？
◯ ホストのみ ⦿ 全参加者 ⓐ

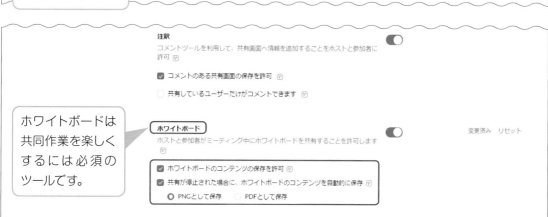

注釈 ⬤
コメントツールを利用して、共有画面へ情報を追加することをホストと参加者に許可 ⓥ

☑ コメントのある共有画面の保存を許可 ⓥ

☐ 共有しているユーザーだけがコメントできます ⓥ

ホワイトボードは共同作業を楽しくするには必須のツールです。

ホワイトボード ⬤ 変更済み リセット
ホストと参加者がミーティング中にホワイトボードを共有することを許可します ⓥ

☑ ホワイトボードのコンテンツの保存を許可 ⓥ
☑ 共有が停止された場合に、ホワイトボードのコンテンツを自動的に保存 ⓥ
⦿ PNGとして保存 ◯ PDFとして保存

2章

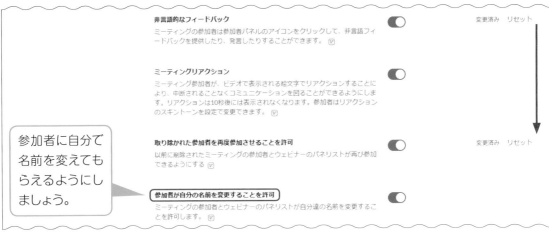

非言語的なフィードバック
ミーティングの参加者は参加者パネルのアイコンをクリックして、非言語フィードバックを提供したり、発言したりすることができます。 ☑

ミーティングリアクション
ミーティング参加者が、ビデオで表示される絵文字でリアクションすることにより、中断されることなくコミュニケーションを図ることができるようにします。リアクションは10秒後には表示されなくなります。参加者はリアクションのスキントーンを設定で変更できます。 ☑

変更済み　リセット

取り除かれた参加者を再度参加させることを許可
以前に削除されたミーティングの参加者とウェビナーのパネリストが再び参加できるようにする ☑

変更済み　リセット

参加者に自分で名前を変えてもらえるようにしましょう。

参加者が自分の名前を変更することを許可
ミーティングの参加者とウェビナーのパネリストが自分達の名前を変更することを許可します。 ☑

ブレイクアウトは重要! 使えるようにチェックしておきましょう。

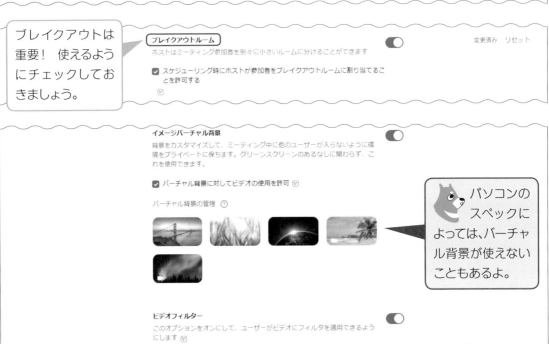

ブレイクアウトルーム
ホストはミーティング参加者を別々に小さいルームに分けることができます

変更済み　リセット

☑ スケジューリング時にホストが参加者をブレイクアウトルームに割り当てることを許可する ☑

イメージバーチャル背景
背景をカスタマイズして、ミーティング中に他のユーザーが入らないように環境をプライベートに保ちます。グリーンスクリーンのあるなしに関わらず、これを使用できます。

☑ バーチャル背景に対してビデオの使用を許可 ☑

バーチャル背景の管理 ⑦

パソコンのスペックによっては、バーチャル背景が使えないこともあるよ。

ビデオフィルター
このオプションをオンにして、ユーザーがビデオにフィルタを適用できるようにします ☑

お疲れさま! これで Zoom のウェブページの設定は終わり! 次はアプリからの設定だよ! あと一息!

❷ デスクトップアプリの設定

パソコンの画面上にある「Zoom のアイコン」を
クリックするとアプリが立ち上がる。

右上の角にある歯車のマークをクリックする。

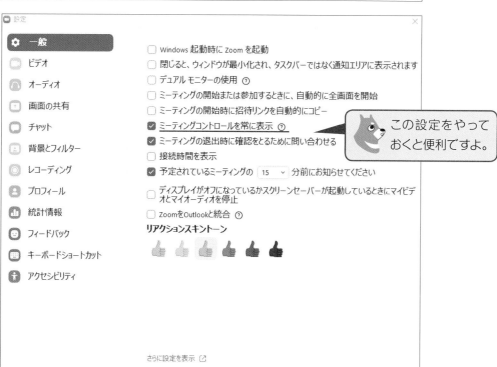

「ミーティングコントロールを常に表示」にチェックをしておくと、Zoom 画面の下部
のツールバーのアイコン（ミュート、ビデオなど）が常に表示され、使いやすくなります。

外見の補正、顔の
映りが暗いときの
自動調節は必要だよ。

ここのグレーのところ
を下に引き下げるよ。

明るさの調整
で顔色がよく
映えるよ。

パソコンの画面サイ
ズや容量によっては、
25 名までしか入らないこ
ともあるよ。

以下のようなメールを授業や研修の 3 日
くらい前に配信しておくといいよ！

〈メール文例〉

ICT セミナー（初級 B 組）のご案内

このたびは、お申し込みありがとうございました。

1. セミナーの Zoom への参加のアクセスは下記になります。
ICT セミナー（初級 B 組）Zoom ワークショップ

8 月 27 日 (木曜日) 午前 9:50 ～午後 12:00
https://us02web.zoom.us/j/890523 ██████████████████ DUT09
ミーティング ID: ██████████
パスコード : ██████

2. 10 時までに入室してください。
10 分以上遅れた場合、入室を許可できない場合があります。

3. 以下、参加にあたってのお願いです。
◇ **PCで**ご参加ください。
タブレット、スマートフォンでもご参加いただけますが、一部機能が制限されます。
◇ **途中でバッテリーがなくならないように**電源や充電バッテリーを準備してご参加ください。
◇ 参加メンバーの顔が見えるようカメラをつけた状態でご参加いただきますようお願いします。
◇ **ヘッドセット、イヤホンマイク**があると快適にご参加いただけます。
◇ **ネットワーク環境の良い場所**からご参加ください。可能なかぎり静かな場所から参加して
ください。
◇ 当日までに Zoom のセットアップを行なっておくとスムーズにご参加いただけます。
◇ **テストログイン用 URL** 通信環境をご確認ください。
http://zoom.us/test
◇ **セットアップ方法の参考ページ**
https:// ██████████████████████
◇ **Zoom を最新版に更新する方法** 事前に Zoom を最新版に更新してください。
https://support.zoom.us/hc/ja/articles/201362233

4. なお、当日の参加者の進行状況に応じて、スケジュール、時間などを変更したりする点をご了承く
ださい。

5. 配布資料はセミナー終了後に PDF でお送りします。

それでは当日お目にかかるのを楽しみしております。

主催者： プログラム委員長 ○○○○

セットアップの方法のリンクがあればよろこばれるよ。
Google の検索するといろんなサイトがでてくるよ。

3章 Zoomの操作＜基礎1＞

　Zoomの操作＜基礎1＞では、ホストにも参加する人にも知っていただきたい基本を中心に取り上げます。

1. 音声チェック

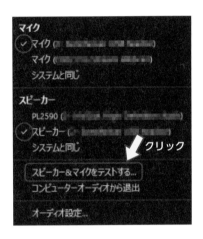

　「スピーカー＆マイクをテストする」は、Zoomの授業が始まった後でも、他の参加者に音を聞かれることなく1人でチェックして、修正ができます。

❶ Zoomのツールバーのミュート マイクマークの右横の「∧」をクリックする。

❷ ✓がついている機器で接続されている。
　正しく機器が選択されているか確認する。

❸ 「スピーカー＆マイクをテストする」をクリックして音声を確認する。

[参加者用ツールバー]

◆スピーカーとマイクをテストする

　「スピーカー＆マイクをテストする」をクリックすると音声とマイクのテストが始まります。以下のような画面が表示されます。指示に従ってスピーカーとマイクの状態を確認してください。

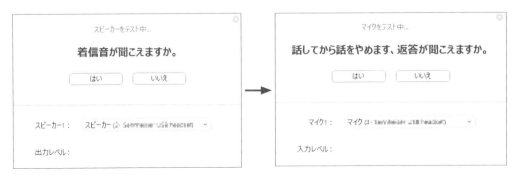

2. ミュートとビデオの確認

◆ミュート

『ミュート』は沈黙という意味だよ。

マイクボタンをクリックして ON/OFF の切り替えをします。

ミュート（マイク OFF）
の状態

◆ビデオ

ビデオボタンをクリックして ON/OFF の切り替えをします。
そうすると、画面に顔がうつりません。

ビデオの停止（ビデオ OFF）
の状態

　　　最近は Zoom に参加しても最初の指示があるまで、「ビデオ
OFF」にして顔を出さない参加者が多くなってきました。しかし、
学習の場では「ビデオ ON 」（顔出し）をおすすめします。なぜ
なら、顔の表情や姿勢もコミュニケーションの一部だからです。
参加者の表情、うなずきなどからも、参加者の様子がわかり、教育者がそれに合
わせて語りかけ方、質問方法、活動をその場その場で柔軟に対応することがファ
シリテーションだからです。特に Zoom は双方向性のコミュニケーションがしや
すいように設計されていますから、その利点を活用しないのは残念なことです。

また、30 名程度のクラスの場合、ハウリング、雑音などの問題がなければ、「ミュート」にさせず、参加者の笑い声、息遣い、つぶやきまでも共有することで、クラスの一体感、発言のしやすさにつながります。実際、スピーチでは観客の反応がある方が発表しやすくなります。逆にここだけは大事だから解説を聴かせたいという場面では、全員ミュートにすることもあります。私たちの通常の対面のリアルなコミュニケーションは言語だけではなく、表情、ジェスチャー、呼吸など身体的なかかわりがあります。オンラインであっても豊かなコミュニケーションを確保することが参加者の自己表現力、場の雰囲気を的確に把握する能力を高めることでしょう。

3. 画面表示設定：スピーカービューとギャラリービュー

画面右上の「表示」のボタンを選んで切り替えます

◆**スピーカービューの状態**

話している人が大きく表示されます。

◆ギャラリービューの状態

参加者が均等な大きさで表示されます。

（＊人数が多いときは、マウスを画面にのせたとき右端または左端中央部分にでてくる「＜」「＞」の記号をクリックすると表示されていない参加者が表示できます。）

◆ギャラリービューの表示人数

モニターの画面サイズやスペックによりますが、最大で一画面に49人まで入れることができます。授業の時の生徒の顔を一覧するのに便利です。

パソコンのスペックによっては25人までしか表示されないこともあります。

◆全画面表示の開始

　Zoom の画面が最大化し、パソコンの画面いっぱいに広がります。Zoom 画面の大きさを自分で調整したいときは、Zoom 画面の右上の「表示」を押し、「全画面表示の終了」をクリックするか、キーボードの ESC キーを押しましょう。

4. 参加者が共有画面を見るための設定：左右表示モード

　画面共有でスライドが共有されているとき、それを見ている参加者が使える機能です。共有された資料の大きさと発表者の大きさを自分で調節できます。

　Zoom 画面の上部に**「（共有している人の名前）の画面を表示しています」**という緑色の表示がでています。
　その隣にある**「オプションを表示」**をクリックして下げてください。

❶「オプションを表示」をクリックして、「左右表示モード」にチェックを入れる。

❷ 共有されたスライドの画像と参加者の画像の境目部分にカーソルを動かすと、灰色の線が浮かび上がる。

❸ その灰色の線をマウスで動かすと「スライド」部分と「参加者の表示」部分の大きさを調節することができる。

5. 名前の変更

　ニックネームや呼んでほしい名前に変更してもらう、すぐに読めるようひらがなに変更してもらう、日本語が読めない参加者のために全員アルファベットにしてもらうなど、表示する名前の変更をお願いすることがあります。

　また、ブレイクアウトルームでグループ分けをするときにグループの記号や番号を記入してもらうことで操作がやりやすくなります。（参照：**6章** ブレイクアウトルーム）

　Zoom に映っているご自身の写真・ビデオの右上の角にカーソルを当てると「・・・」というマークが浮かび上がります。

　「・・・」をクリックすると「名前の変更」という項目がでてくるので選択します。

　次のような表記がでてくるので、ここから変更します。

名前は個人を承認する最初の一歩です。教室内の多様性を尊重する立場として、参加者本人が呼んでほしい名前を使うことが大切です。最近は外国籍、家族事情などによって名前について複雑な思いを抱えた参加者がいます。彼らのアイデンティティを尊重し、名前の変更を指示しましょう。学習、研修の目的に合わせて名前をどのように書いてもらうかの工夫も必要です。

・教室内をリラックスしたフレンドリーな雰囲気にしたい場合は、ニックネームやファーストネームの使用

・読みづらい漢字名はひらがなで表記してもらう。

・率直なコミュニケーションで意見交換やブレーンストーミングを活性化したい場合は、あえて社名や職位、役職は書かないことにする。

・参加者の母国語が異なる場合はローマ字表記など全参加者が読みやすい表記に。

また、各自の PC 画面の大きさによって、名前の表示で読める字数が限られます。「北陸セントラルホールディングス　半沢勇樹」と書いても画面では半分も映らず、本人の名前が見えないということも起こるのでご注意ください。なお、ブレイクアウトルームに分けるためには　名前の前にグループ番号を記入してもらうと操作がしやすくなります。

例）「3　渋沢モネ」

6. チャット

チャットとは、音声ではなく、文字で会話する機能です。

チャットは、おしゃべりっていう意味だよ。

クリック

◆**チャットの使い方**

❶ チャットのアイコンをクリックする。

❷ 送信先を選ぶ。

❸ メッセージを入力し、Enter キーを押して送信する。（参加者に見てもらいたいウェブサイトの URL があれば、コピーしてメッセージに貼り付ければ送信できる。）

◆ホストによる参加者のチャットの送信先の選択（誰に送るかの設定）

チャットのアイコンを開くと、チャットの画面が立ち上がります。

ホスト／共同ホストがチャットの画面の右端の … の部分をクリックするとチャットの細かい設定が立ち上がります。ホスト／共同ホストは、「参加者のチャットの利用」で設定を選ぶことができます。

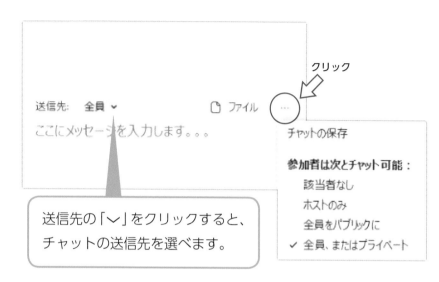

送信先	内容
該当者なし	参加者は誰にもチャットを送信することができない。
ホストのみ	参加者からは、ホストにしかチャットを送信することができない。参加者同士でのチャットの交換やチャットの全体共有ができない状態。
全員をパブリックに	参加者から全員にむけてのチャットができる。ただし参加者同士でのチャットの交換はできない。
全員、またはプライベート	参加者から全員にむけてのチャット、参加者同士のチャットの両方ができる。

気をつけて！

チャットの画面は、遅れて参加した人には、参加前のやりとりは見えないよ。

再度送ったり、口頭で注意を促したりするなどのフォローが必要だよ。

◆チャットでのファイルの送信

チャットでは、ファイルを送信することができます。

チャットから、参加者に見てもらいたいウェブサイトの URL を送付することも可能です。

送信方法

自分の送りたいファイルを選んで、カーソルを使ってチャットのメッセージの入力画面まで引っ張って載せると送信されます。

受信方法

送られてきたファイルをクリックすると、ダウンロードできます。

職場や学校から配布された Zoom アドレスの場合、ファイル送信が禁止の設定になっていることがあるよ！

Zoomの活用アクティビティ【1】「全員への送信を使って」

時間をかけずに、参加者からの反応を得る方法としてチャットは有効です。

チャットの活用①　参加者から講義中に質問、コメントを送ってもらう

参加者から講義中の質問やコメントを送ってもらうと、教員側もそれを見て、話しの流れに応じて質問に答えたり、コメントに対して口頭でフィードバックしたりできます。参加者に「講義中の質問やコメントがあれば、チャットで送ってくれるとうれしいです。」など事前に呼びかけておくといいでしょう。

チャットの活用②　参加者同士のチェックイン、感想の共有

「今のあなたの気持ちを一言、チャットに書いて『全員』に送信してください。」と言って参加者の想いや意見を集めることができます。

また、講読の授業などでは「この段落で作者が言いたいことを漢字 2 文字で表してみましょう。」というような質問もできます。正解を 1 つと決めつけずに、さまざまな意見や観点を拾って、あとで「なぜ、そう思ったのか。」と口頭で理由を聞くことで自己表現の練習にもなります。

チャットの活用③　クイズの早押しボタン代わりに

チャットは送信した先着順に参加者の名前が表示されます。事前に、参加者に最初に「はい」や「A」のように短い文字を打ち込んでもらいます。その後に質問をします。回答がわかった人は、すぐに送信（Enter ボタン）を押します。これで「早押しボタン」として

利用できます。「正解者先着 5 名までボーナスポイント 5 点！」などと言って、早押しするきっかけを与えると盛り上がります。授業中に簡単なクイズ大会をして、復習や予習のチェックをしてみてはいかがでしょうか。

　　授業や研修は教員の一方的な講義を参加者が聞くだけのものではありません。チャットで参加者の意見・発想を手短に全体共有して、講義に取り入れ、授業内の対話のきっかけとして使えます。欧米の学会発表では、参加者同士が講演を聴きながらチャットで意見交換をしています。学習の場をインタラクティブにするツールとしてチャット機能はいろいろと活用できます。

7. リアクションのボタン

　リアクションのボタンをクリックするとさまざまなマークがでてきます。これは自分の反応を Zoom ミーティングの場にいる人に知らせるためのものです。自分の気持ちにふさわしいボタンをクリックしましょう。この反応マークは、あなたの画像の上に表示され数秒で消えます。

　なお、一番下にある「手を挙げる」のボタンは挙手のことです。これを押すと、挙手した人が Zoom ミーティングの参加者の画像の並びの一番前にくるので、教員側はすぐに誰が手を挙げているかを知ることができます。「手を挙げる」のボタンは参加者自身が「手を降ろす」の指示をしないとずっと残ります。

リアクション

クリック

8. 身体を動かして反応

　Zoom の授業の中で、参加者とインタラクティブな関係を作るには、沈黙させず、身体を動かすように促すことも効果的です。非言語コミュニケーションでの反応を即座に教室内の共通語として取り入れることができます。パソコンに慣れていない参加者には楽な反応方法です。さらに、ミュート状態であっても参加者の動きでクラスの明るい雰囲気が醸成されます。時々、身体を動かすことは眠気防止にも効果があります！

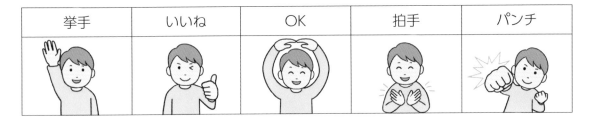

挙手	いいね	OK	拍手	パンチ

Zoomの活用アクティビティ【2】「身体を使って」

導入例

❶ 教員がそれぞれのポーズをして、参加者も一緒にやるように指示する。

❷ 教員が「挙手」と言ったら、参加者がそのポーズをとる。何度か教員の指示に合わせて参加者がポーズをやってみる。

❸ 次に指示する人を参加者の誰かにやってもらう。何度かやるうちに、教室内の身体言語が身についてくる。その後、参加者との応答に言語だけでなく、身体言語で反応してもらうと授業の雰囲気が明るくなる。また、気分転換にも役立つ。

9. 画面共有の方法

◆事前の設定の確認

　Zoom のツールバーの「画面の共有」の右「∧」マークをクリックし、共有の設定を確認します。

参加者に発表をさせるためには、右の項目にチェックが必要です。

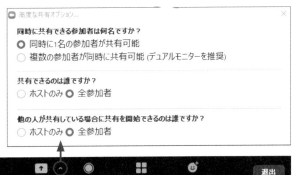

◆ファイルの共有方法

❶ 共有したい（参加者に見せたい）パワーポイントなどのファイルを事前にパソコン上で開いておく。

事前にファイルをパソコンの画面に開いておくことが大切。

クリック

❷ Zoom のツールバーにある 緑色の「画面の共有」をクリックすると以下のように共有したいファイルなどを選ぶ画面が出てくる。

❸ 共有したいファイルをクリックして選び、右下にある「共有」をクリックする。

◆動画・音楽の共有

見せたい動画があるときは、画面に事前に動画を開き、同様に画面共有します。その時、画面一番下の「音声を共有」を必ずクリックしましょう。それによって、動画の音声が共有されます。授業中にビデオクリップを見せたり、音楽を聞かせたりすることも可能です。

4章 *Zoomの操作 <基礎2>*

　Zoom の操作<基礎2>では、授業をよりインタラクティブにするツールの使い方を中心に取り上げます。

1. ホワイトボードの事前の設定を確認

　学習の場面では、参加者からも画面共有して発表してもらうことがよくあります。
　参加者も共有できるように設定しましょう。

ホスト / 共同ホストは、

❶ ツールバーの緑色の「画面共有」の横の「ヘ」マークをクリックする。

❷ 高度なオプションを選択する。

❸ 共有できるのは、「全参加者」にする。

3章の9の
復習だね！

2. ホワイトボードの出し方

❶ Zoom のツールバーにある 緑色の「画面の共有」をクリックすると共有する画面の選択ページがでる。

クリック

❷「ホワイトボード」をクリックして選び、右下にある「共有」をクリックする。

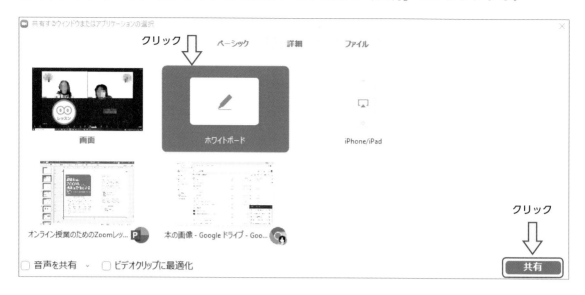

3. ホワイトボード　スタンプの出し方

◆**スタンプの使い方**

　ホワイトボードを参加者に使ってもらう方法です。まずは、スタンプの使い方からです。スタンプだけでも、たくさんのアクティビティが可能です。

　まず、「ホワイトボード」、またはパワーポイントなどのファイルを画面共有します。

❶ Zoom 画面の上部に「（共有している人の名前）の画面を表示しています」という緑色の表示がでる。その隣にある**「オプションを表示」**をクリックして下げる。

> クリックしたまま離さずに下に下げてね。

❷**「コメントを付ける」**をクリックすると、コメント用ツールバーが画面に表示される。

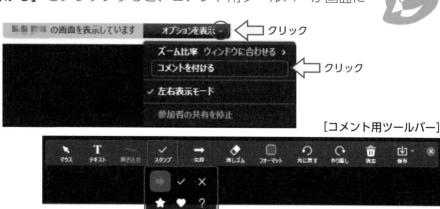

[コメント用ツールバー]

❸ 「スタンプ」をクリックし、下に表示されるスタンプで好きな種類を選ぶ。
画面上に好きなスタンプを押すことができる。

　Zoom の画面共有は、透明なガラスのボードの上にスタンプを押している感じです。
　ホワイトボードの上でも、パワーポイントなどの上でも、スタンプを押してもらうことが可能です。

Zoomの活用アクティビティ【3】スタンプ　①
　Zoom の画面上で簡単なアンケートができます。
　以下のような表や図をパワーポイントなどのスライドで作り、画面共有をして、そこに直接スタンプを押してもらいましょう。

【スタンプの活用例1】
・オリジナルのパワーポイント

ホワイトボードのスタンプの活用法

これまでに何回くらいZoomでブレイクアウトルームを自分で使ったことがありますか？

はじめて	10回未満	10回以上

3

・スタンプを押したパワーポイント

ホワイトボードのスタンプの活用法

これまでに何回くらいZoomでブレイクアウトルームを自分で作ったことがありますか？

はじめて	10回未満	10回以上

5

【スタンプの活用例 2】

・オリジナルのパワーポイント

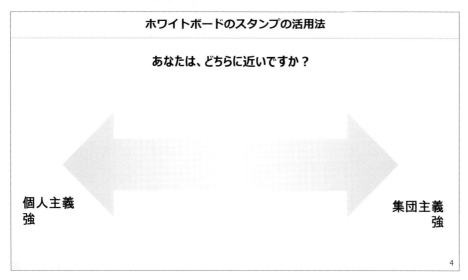

・スタンプを押したパワーポイント

Zoomの活用アクティビティ【3】スタンプ　②

　参加者の誰かにスピーチや発表をしてもらったとき、見ている参加者が審査員となってそれに対するフィードバックをする方法です。

　下記のような「フィードバック評価シート」を画面共有して、その上に、スタンプを押してもらいます。スタンプの散らばりから、自分の発表についての聴衆の反応を知ることができます。

　発表者には、Zoom画面をスマートフォンで写真をとってもらって、自分の発表の振り返りの素材にしてもらいます。画面を保存してもらうよりもスピーディーです。

プレゼン評価シート		発表者　森岡　拓海		
がんばれ！ ←　　　　　　　　　　　→ すごくいい！				

項目	1	2	3	4	5
目線		✓♥★	✓♥	★	
表情		✓★	✓♥　★	♥	
姿勢／ジェスチャー		✓★	♥✓♥	★	
語りかけ方 （内容に合った話しかけ方）		✓✓	★	♥　♥★	
本人の考え、意見が はっきりわかった。			★	✓ ★♥♥	✓
話に筋道があって、 理解しやすかった			★✓★	♥♥★	✓
真剣さ、本気が感じられた			★　✓	★♥	
説得力があった			♥✓　★	★♥	✓

Zoomの活用アクティビティ【3】スタンプ　③

◆ 「違いについて考える」ワーク

　教員は、「私たちの普段の生活とちがっている点はどこでしょうか？　スタンプを押してください。」と問いかけます。

　参加者からのスタンプが集まったところを見て、なぜそう思ったのかについて参加者同士で話し合ったり発表したりしてもらいます。

【オリジナル写真】

【スタンプが押された写真】

写真提供：NPO法人アジア教育友好協会

4. ホワイトボードで文字や絵を描こう

 グループで簡単な協働作業が楽しめるよ！

❶ Zoom 画面の上部に「(共有している人の名前)の画面を表示しています」という緑
色の表示がでている。その隣にある「オプションを表示」をクリックして下げる。

❷「コメントを付ける」をクリックする。
コメント用ツールバーが画面に表示される。

❸「T　テキスト」を開くと、テキストボックスが開き、文字の入力ができる状態になる。
「フォーマット」を開き文字の色、フォントを選び、字を書く。

❹「描き込む」を選ぶと、絵が描ける。「フォーマット」で太さと色を選択する。

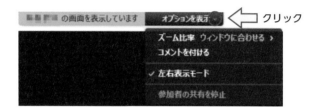

［コメント用ツールバー］

◆その他の機能

・消しゴム

書いた文字や線を消すことができます。

参加者は、自分が書いた文字を消すことができますが、他の人が書いたものを消すこと
はできません。他の人ものを消したり、移動させたりできるのは、画面共有を開いた人
とホストです。

・スポットライト

スポットライトは、すっと色がでたあと、すぐに消えます。

説明をするときに便利な機能です。

5. ホワイトボードの保存とスタンプの消去

◆ホワイトボードの保存

　スタンプを押した参加者の反応を残しておきたいときは、その画面の「保存」をクリックするのを忘れないでください。

　「保存」をクリックすると「PNG として保存」されます。その時に「フォルダーで表示」という青い文字をクリックすると保存場所が開きます。保存した画像を後で全体に共有するときに便利です。

　保存したファイルは、ご自身のパソコンの「ドキュメント」フォルダー内に「Zoom」のフォルダーが自動的に作成されています。その中に、「保存した日付とミーティング名」のついたフォルダーがあり、その中にあります。

【Zoom の保存場所】（Windows の場合）

「保存」を押すのを忘れないでね！
参加者への念押しも大切！

◆スタンプの消去

　そして、次のページに行くときには、そのスタンプを消去しましょう。

　スタンプをまとめて消すことができるのは、その画面共有をした人とホストです。

Zoomの活用アクティビティ【4】ホワイトボード

◆ 「事前知識・意見・イメージなどを共有する」グループワーク

活用例1）グループのチーム・ビルディングのための「お絵描き」

　2人から4人くらいを1グループとして、絵を描いてもらいます。

　参加者全員が関心のありそうなテーマを選び、チーム協同で一つの絵を描いてもらいます。

　ブレイクアウトルームでグループごとの活動にするといいでしょう。（詳細は **8章** へ）

【テーマ「コロナ」の場合】

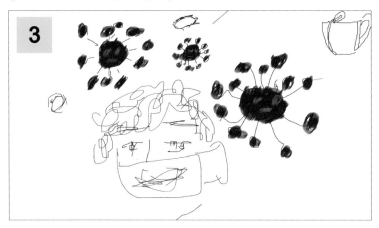

活用例2）アイスブレイク活動「絵しりとり」

　ブレイクアウトルーム（参照： **6章** ）でチームに分かれ、特定の文字から始まる「絵しりとり」ができます。相手の表現したものを「察する」訓練になります。

❶ ブレイクアウトルームに分かれてから、しりとりの順番を決めるように指示を出す。制限時間は3分であることを事前に伝えておく。（スタートする文字は何でもよい）
　「1番最初に絵を描く人は『の』から始まる単語の絵を描きます。2番目の人はその絵から単語を想像して、次の絵を描きます。順番に絵を描いて「しりとり」をしていきます。絵を描いている間は話してはいけません。たくさんの絵を描いたチームが勝ちです。グループで作成したホワイトボードは最後に保存してください。」
❷ 指示をした後、ブレイクアウトルームに送り出す。しりとりの最初の言葉は「ブロードキャスト」（参照： **6章** p.80）で各部屋に送る。数多くの絵を書いたチームが勝ち。
❸ ゲーム終了20秒前に「絵を保存するように」とブロードキャストを使って注意を喚起するとよい。終了後、メインルームに全員が戻ったら、グループごとに画面共有して、結果を発表してもらう。

【絵しりとりの例】

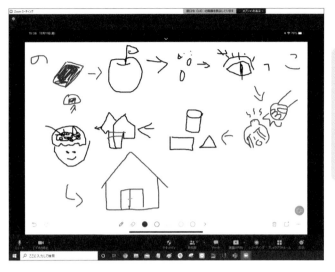

「の」→のり→りんご→ゴマ→まつげ
　　　　　　　　　　　　　↓
のう←きもの←つみき←げんこつ
└→うち

活用例３）話し合いのプロセスを振り返る「プロセスマップ」

　会議や活動のあとに以下のような指示を出して、ブレイクアウトで協同でプロセスマップを作ります。プロセス（活動の過程）をマップにする（明確に描く）活動です。

　「この会議で何が起こり、どんな気持ちになっていたかについて話し合って、絵、図、表など自由にホワイトボードに書いてください。」

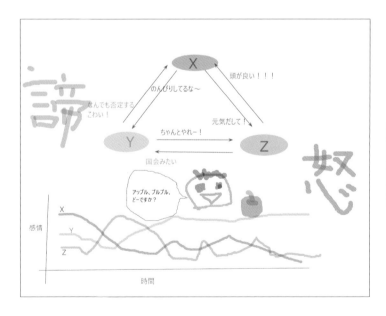

　プロセスマップの作成を通して、活動の振り返りが自然にできます。

イラストや絵は言語外の潜在意識のようなものが現れてくるので面白いよ。

活用例４）パワーポイントやワードで板書

　普段使っているパワーポイントやワードを使って板書の替わりにすることも可能です。授業で使用するパワーポイント（またはワード）のファイルを開いて、画面共有をします。

　参加者からの発言を教員がまとめて、画面共有をしたままパワーポイントに書き込みます。

Zoom の画面上のパワーポイントの上に自分を表示させることができます。

＜方法＞

❶ ツールバーの緑色の画面共有をクリックする。

❷ 共有するウィンドウの選択画面の中央部にある「ベーシック」から「詳細」に変更する。

❸ 詳細の中にある「バーチャル背景としてのパワーポイント」を選択し、右下の共有を
クリックする。

❹ 使用したいパワーポイントを開く。

> ここはパワーポイントを開くのは最後に！

【共有ウィンドウの選択画面】

クリック

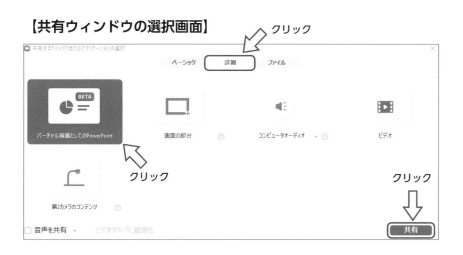

クリック

クリック

5章 Zoomミーティングのホストと共同ホスト

　Zoom のホストとは、Zoom ミーティングを主催する人です。Zoom のミーティングの予約をし、他の人を招待することができます。教育現場では講師をする人が自らホストをすることが多いと思います。この章では、ホスト / 共同ホストが使う主な機能について説明します。

1. Zoomミーティングのホストとは

◆ホストは交替可能

　Zoom の予約をした人がホストになりますが、ホストは交替することが可能です。
　Zoom ミーティングの中で、ホストが他の人を「ホストにする」ことで交替できます。

◆ブレイクアウトルームが作れるのは、ホストと共同ホスト

　ブレイクアウトというのは「小さく分ける」という意味です。「ブレイクアウトする」というのは「参加者をグループ分けして、小さな会議室（ブレイクアウトルーム）に移動させる」という意味になります。Zoom のミーティング中に、ブレイクアウトができるのは、ホストと共同ホストです。（参照： 6章 ブレイクアウトルーム）

◆共同ホスト

　有料のアカウントの場合、ホストは、共同ホストというホストのサポート役を作ることができます。そのため講演会などでは、講演者（スピーカー）や司会者は、発表や会の進行、参加者とのコミュニケーションに集中し、Zoom の主要な操作を他の人に任せることができます。

2. ホスト / 共同ホストの機能と画面

　ホスト / 共同ホストの Zoom 画面は、次のページのように他の参加者の画面とは異なります。ホスト / 共同ホストの画面下部のツールバーには「セキュリティ」「レコーディング」「ブレイクアウトルーム」のアイコンがあります。

【ホスト / 共同ホストの Zoom のツールバー】

【参加者の Zoom のツールバー】

3.「セキュリティ」の設定

セキュリティのアイコンをクリックすると「待機室を有効化」がチェックされています。

◆待機室とは

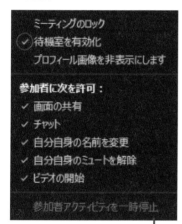

参加者が Zoom ミーティングに直接入らないで、待機させることができます。

待機室を有効化しておくと、参加者には 「ホストが確認するまでお待ちください」 というメッセージが表示されます。

ホスト / 共同ホストには、待機室にいる人数、参加者名が表示され、「入室を許可」を押すと参加者が入ることができます。

クリック

◆待機室の有効化/無効化

授業では、遅刻した参加者が入るたびに「入室を許可」を押しているのは面倒です。そういう場合は、ホストが「待機室を有効化」のチェックマークをクリックすると「待機室を無効にしました」という表示がでます。これは待機室がなくなって、許可を出さなくても参加者が Zoom ミーティングの中に直接入れることを意味します。

◆ミーティングのロック

参加者が全員入ったことが確認でき、それ以上誰も入室させたくない場合、「ミーティングのロック」をクリックすると、他の人は入ることができません。

ただ、通信環境の問題から参加者が Zoom から落ちて入り直すことがあるので、授業ではミーティングのロックをかけないほうがよいでしょう。

◆参加者のアクティビティを一時停止

　Zoom ミーティングに部外者や妨害者が入ってきた場合、参加者全員の行動をすべてストップさせる機能です。セキュリティの項目の中で一つだけ赤で書かれたこの項目は、ほとんど使うことはないと思いますが、非常停止ボタンのようなものです。

4. ホスト / 共同ホストから参加者への許可の設定

　ホスト / 共同ホストは、参加者に以下のことを許可することができます。
　授業では、以下のことはすべてできるようにしたほうがよいでしょう。インタラクティブなクラスでは、参加者の画面の共有とチャットは必須の機能です。

・画面の共有
・チャット
・自分自身の名前の変更
・自分自身のミュートを解除
・ビデオの開始　　（自分の顔が映るようにすること）

5. 参加者の状況の確認

　ホスト / 共同ホストに表示される Zoom のツールバーの「参加者」のアイコンをクリックすると、全参加者の名前リストが表示されます。

クリック

◆参加者の状況をチェックする

　参加者のリストでは、ホストが一番上に、次に（いれば）共同ホスト、参加者の順に名前が並んでいます。
　参加者の名前の横には、マイクとビデオマークがついています。
　マイクのマークがない人は、音声に問題があります。ビデオのマークがついていない人は、ビデオ（カメラ）に問題があることを示しています。
　ホスト / 共同ホストは、問題のある参加者に対して調整するよう促します。

◆「参加者」の「詳細」からの設定

　参加者一人一人の名前のところにカーソルを置くと、「ミュート」と「詳細」の表示がでます。

　「詳細」から、参加者に対して以下の設定をすることができます。

6.「参加者」を「共同ホスト」にする方法

　「参加者」のアイコンをクリックして参加者リストを表示しましょう。リストの中から
共同ホストにしたい参加者の名前をクリックし、「詳細」から「共同ホストを作成」を
選びます。何人でも共同ホストを作ることができます。

学校や職場から発行された Zoom アカウントの場合、共同
ホストの設定に制限がかかっていることもあるよ。Zoom
の元々の契約が、共同ホストを利用できる設定になっている
かを確認してね。（参照： 2章 Zoom のセットアップ）

7.「参加者」をホストにする方法

「参加者」のアイコンから、参加者リストを出し、特定の人を選んで「ホストにする」をクリックします。ただし、ホストに指定できるのは1名のみです。誰かをホストに指名するとあなたはホストではなくなります。

ホストが、Zoom ミーティングを退出したい時、他の人にホストになってもらい、そのままミーティングを続けてもらうことが可能です。

8. 待機室に戻す

Zoom のミーティング中に問題のある人がいた場合、または開始前の準備中なのに間違って参加者を入れてしまった場合など、Zoom ミーティングから退出させ、待機室に戻すことができます。

ホスト／共同ホストは、参加者のアイコンをクリックして参加者リストを出し、該当する人の名前の詳細をクリックすると、「待機室に戻す」という表示があります。そこをクリックしてください。

9. レコーディング（録画）

レコーディング（ミーティングのビデオ録画）には、「クラウドに保存」と「このコンピュータに保存（ローカル保存）」の2種類があります。

◆**クラウドレコーディング**は、無料アカウントでは使えません。ホスト/共同ホストのみが録画可能です。どちらかが停止ボタンを押すと録画が止まってしまうので注意が必要です。

◆**ローカルレコーディング**は、自分のパソコンのドキュメントの中にあるZoomのフォルダーに保存する方法です。ローカルレコーディングでは、レコーディングをしている人が見ている画面に近い形で録画されます。

◆**参加者への録画の許可**　ホストが許可を与えることで、参加者も自分のパソコン内に録画を保存できます。（ローカルレコーディング）

ホストが「参加者」のアイコンを押して参加者リストを開き、許可を与える参加者の「詳細」の中から「ローカルファイルの記録を許可」をクリックするとその人がローカルレコーディングができるようになります。

参加者がレコーディングのボタンを押すと録画がスタートします。

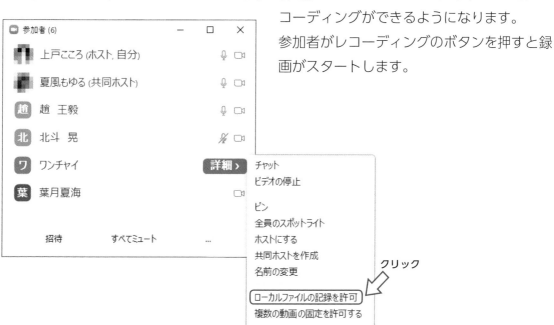

録画中は、画面の左上に「レコーディングしています」という赤い丸のマークが表示されます。

レコーディングしています… ⏸ ⏹
クラウドレコーディング

レコーディングしています… ⏸ ⏹
ローカルレコーディング

10. ローカルレコーディングの活用法

　参加者自身が自分の発表や行動を振り返るときに使える強力なツールです。また、オンデマンド教材作成に非常に便利です。

　ローカルレコーディング（ローカル録画）は、ブレイクアウトルームでも録画できます。グループ活動を録画してプロセスを振り返ることができます。事前に参加者への録画の許可を与えましょう。

　オンデマンドの講義ビデオの作成では、編集して完璧なものにしようとせず、気楽に1本撮りすることをお勧めします。

本気で編集しようとすると、授業時間の数倍の
時間がかかるよ。これは芸術作品ではないよ。

◆録画の保存場所

　録画したものは、自分のパソコンの「ドキュメント」フォルダー内に「Zoom」のフォルダーが自動的に作成されています。その中に、「保存した日付とミーティング名」のついたフォルダーがあります。その中に「チャットの保存」、ホワイトボードの「画像保存」のデータもあります。

【録画の保存場所】（Windows の場合）

保存場所は、Zoom アプリの設定から自分で変更することもできます。

　レコーディングをした場合、Zoom ミーティングの終了後「録画ファイルの変換」が始まります。少し待つと mp4 のファイルに変換されます。変換が終わるまではパソコンは切らないでください。

Zoomの活用アクティビティ [5] レコーディング

＜活用例1＞　参加者自身の振り返りのために
　プレゼンの練習：スピーチをする人は自分で録画しローカルに保存にします。自分で自分の発表の様子を見て、振り返ることができます。またブレイクアウトルームでのロールプレイの録画もできます。あとで全員に画面共有して見せられます。

＜活用例2＞　オンデマンド教材を作る
　自分の講義を録画して、オンデマンド教材をつくるやり方です。
❶ １人でZoomミーティングを開く
❷ 使用するパワーポイントなどをパソコン画面に開いてから、画面共有する。
❸ レコーディング（ローカル）ボタンを押して講義を開始する。
❹ 教材を学校の配信システムに入れる、あるいはYoutube®などにアップする。

11. スポットライト

　ホスト / 共同ホストが使える機能で、特定の参加者（発表者）を選んで、大きく映して目立たせることができます。「全員にスポットライト」を選ぶと、発表者にスポットライトをあてた状態で参加者全員に見せることができます。

　スポットライトをあてられるのは、最大 9 人までです。

【4 名にスポットライトをあてた状態】

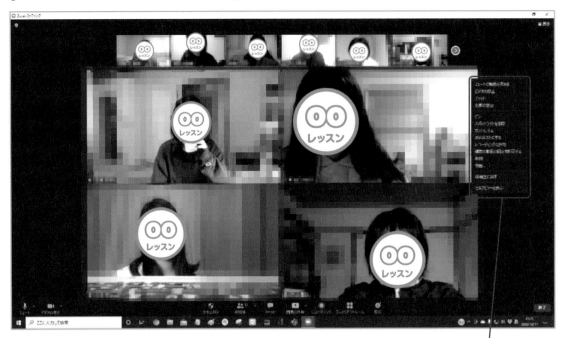

＜使い方＞
❶ Zoom に映っている参加者のビデオ画像の右上の角にカーソルを置くと「・・・」が浮かび上がる。
❷ 「・・・」をクリックすると「全員にスポットライト」という項目があるのでそれを選ぶとその人が大写しになる。

◆ピンとスポットライトの違い
　ピンは参加者が各自で使える機能です。自分の画面上で特定の人を大きく見たいときに使うことができます。スポットライトとは違い、自分以外の人の画面に影響を与えることはありません。

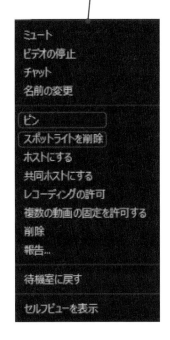

12. ビデオ以外の参加者を非表示（雲隠れの術）

　ビデオを停止している人を画面から見えなくする機能です。

　発表者だけを画面に残し、それ以外の人にビデオをオフにしてもらうと画面上からその存在を消すことができます。

＜設定＞

❶ Zoom のビデオカメラの横の「∧」マークをクリックし、「ビデオの設定」を選ぶと、Zoom のアプリの設定画面が表示される。

❷ 右手の項目のカーソルを少し下げて「ビデオ以外の参加者を非表示にする」にチェックする。

❸ 参加者全員にも❶❷をしてもらう。

　この設定をした人には、ビデオをオフにした人の姿が見えなくなる。

クリック

ミュート　ビデオの停止　セキュリティ　参加者　チャット　画面の共有　レコーディング　ブレイクアウトルーム　リアクション　退出

設定

- 一般
- ビデオ
- オーディオ
- 画面の共有
- チャット
- 背景とフィルター
- レコーディング
- プロフィール
- 統計情報
- フィードバック
- キーボードショートカット
- アクセシビリティ

☑ ビデオに参加者の名前を常に表示します
☐ ミーティングに参加する際、ビデオをオフにする
☑ ビデオミーティングに参加するときに常にビデオプレビューダイアログを表示します
☑ ビデオ以外の参加者を非表示にする
☐ 話している間、自分自身をアクティブスピーカーとみなす
ギャラリービューで画面あたりに表示する最大の参加者数：
○ 25名の参加者　● 49名の参加者
ビデオが確認できない場合： トラブルシューティング

詳細

この表示が出るまで下にスクロールする

<活用例>

　ロールプレイをしているときに、演じている人だけを画面に表示させて、それ以外の人は見えない状態にします。臨場感が増し、演じている人の恥ずかしさが軽減されます。

　またブレイクアウトルームで、参加者が協同作業をしているとき、教員がこっそりと進行状態を見守ることができます。

　そのためには、事前に全参加者が「ビデオ以外の参加者を非表示にする」にチェックをしていることが必要です。

<留意点>

　この状態にして録画をするとビデオオンの人だけの録画ができます。

　ロールプレイが終わったら、「ビデオ以外の参加者を非表示にする」のチェックは、はずしておくようにしましょう。ビデオオフのままで授業に参加している人が見えなくなってしまいます。

13.「参加者」の管理

　ホストは参加者にさまざまな指示や許可を与える必要があります。まず、ツールバーにある参加者のアイコンをクリックすると参加者のリストが開きます。

　そのリストの一番下に、「招待」、「すべてミュート」、「・・・」があります。

　「招待」はこの Zoom ミーティングに他の人を招待するときに使います。「すべてミュート」をクリックすると、参加者全員のマイクをミュートにします。「・・・」を開くと、以下の参加者の管理の項目が表示されます。

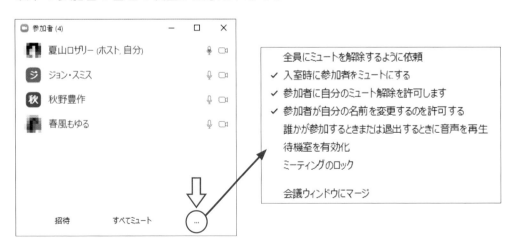

　表示画面にはすでに✓マークが入っているものがあります。参加者の管理をしたいときは必要な項目をクリックしてください。

14. ミーティングの終了

　ホストのツールバーの一番右に赤い「終了」ボタンがあります。ここをクリックすると、「全員に対してミーティングの終了（赤）」と「ミーティングを退出」という項目が出てきます。「全員に対してミーティングの終了（赤）」は、全員に対して授業を終了するときに使ってください。「ミーティングの退出」を押すと、ホストだけが退出します。その際、他の人にホストが割り当てられ、ミーティングが続けられます。

クリック
終了

全員に対してミーティングを終了
ミーティングを退出
クリック

新しいホストを割り当てる
割り当てて退出する

落ちついて！

　もしも間違って「ミーティングを終了」を押してしまったら、落ち着いて元のミーティングに入り直そう。教員だって失敗する。そんな時は「申し訳ない」と率直にあやまればいい。
　大人が良い謝罪のモデルを示すことも信頼感の醸成には大切だね。

5章

6章 ブレイクアウトルーム

　グループ活動に役立つ Zoom の機能「ブレイクアウトルーム」をさまざまなアクティビティに利用できるようになりましょう。この章では、初めに Zoom 上でのブレイクアウトルームの作り方、後半はブレイクアウトルームを利用した実際の授業のアクティビティ例をご紹介します。

1. ブレイクアウトルームとは

　ブレイクは「分ける」、ルームは「部屋」なので、「小部屋に分ける」機能です。全員参加のメインルームでは発言しにくくても、ブレイクアウトルームで少人数に分かれることで話しやすさが増します。
　ホスト / 共同ホストがブレイクアウトルームを作ることができます。ホストと共同ホストがいる場合は、誰がブレイクアウトルームを作るか担当者を決めておきましょう。

2. ブレイクアウトルームの作り方

　ブレイクアウトの作成の練習は、最低 4 人の参加者（あるいは 4 台の機材）を準備しよう。練習をしながら操作項目を確認して、以下の項目を事前に練習するといいよ。

　まず、Zoom のツールバーのブレイクアウトルームのアイコンをクリックします。
　（もしもツールバーにブレイクアウトルームのアイコンが見えないときは、「・・・」をクリックすると隠れていることがあるので確認してみましょう。）

クリック

◆ブレイクアウトルームの作成のボタンを押すと表示される画面

ここからブレイクアウトルームの設定がはじまります。

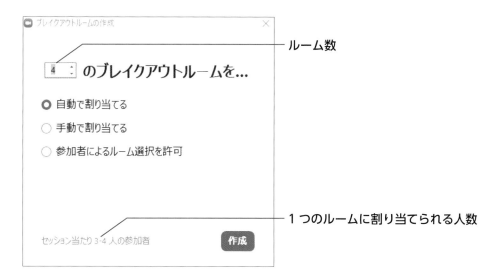

ルーム数

1 つのルームに割り当てられる人数

3.「自動」か「手動」、「参加者によるルーム選択を許可」の 選択と作りたい「ルーム数」

　「自動」か「手動」、「参加者によるルーム選択を許可」のどれにするかを選び、作りたいルーム数を決めましょう。参加者全体の人数と何人ずつのグループに分けたいかを考えて、ルーム数を入れます。

(1)「自動」　Zoom が自動的にランダムに分けます。自動を選ぶと素早くグループ分けができます。

　　＜自動での割り当て方法＞

　❶「自動で割り当てる」をクリックしてからブレイクアウトルームの数を決める。ルーム数はあとからでも調整できる。また一つのルームに何人の参加者が割り当てられるかが表示される。

　❷ 選んだら「作成」ボタンを押す。

(2)「手動」　ホストが自分で１人ずつ、参加者をどのグループに入れるかを選んでグループ分けができます。決まったグループで作業させたいときに便利です。

　　＜手動での割り当て方法＞

　❶ まず、「手動で割り当てる」を選び、ルーム数を入力する。そして「作成」ボタンを押す。

❷ ルーム1の割り当てボタンを押すと参加者名リストが表示されるので、そのルームに入れる参加者の名前をチェックすると割り当てられる。

❸ 終わったら、次のルーム（ルーム2）の割り当てを押して、同様に入れたい参加者の名前をチェックする。

❹ 同様に他のルームにも割り当てる。

❺ 選んだら「作成」ボタンを押す。

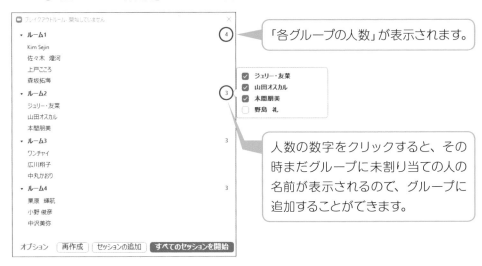

「各グループの人数」が表示されます。

人数の数字をクリックすると、その時まだグループに未割り当ての人の名前が表示されるので、グループに追加することができます。

◆グループ分け表を画面共有で見せる

　割り当てしやすくするために、事前にグループ番号を名前の先頭につけるように参加者に名前変更（参照： 3章 5. 名前の変更 ）をしてもらうと参加者名リストが番号順に並ぶので分けやすくなります。

【グループ分け名前リスト】

　このようなグループ番号と参加者名簿の表を画面共有で見せると参加者自身に名前の変更をしてもらえます。

◆グループ内のメンバーを変更・入れ替えしたいとき

「自動」、「手動」に関わらず、グループのメンバーを割り当てた後にグループのメンバーを変更したいときに使う方法です。参加者の名前のところにカーソルをあてると「移動先」「⇔交換」という文字が表示されます。

「移動先」をクリックすると、他のルーム番号が表示されるので、移動させたいルームを選択します。「交換」を押すと他のグループの特定の人と入れ替えることができます。

(3)「参加者によるルーム選択の許可」

参加者が自由にルーム間を移動できるようにしたい場合はこれを選択します。

<手順>

❶ ルーム数を決めて、参加者を自動で割り当てる。

❷ 選んだら「作成」ボタンを押す。

❸ 参加者が一旦ブレイクアウトルームに行くと参加者のZoomのツールバーにブレイクアウトルームのアイコンが表示される。

❹ 参加者は、そのアイコンをクリックすると行きたいルームが選べる。

<活用例>

以下のようにグループの話し合いのテーマを事前に決めて、参加者自身が話し合いたいテーマのルームに自由に行く場合に便利です。

「ルーム1」などのルーム名のところにカーソルをあてるとルーム名の変更ができます。

【ルームの設定例】

ルーム1	：	北海道・東北
ルーム2	：	関東地方
ルーム3	：	北陸・甲信越
ルーム4	：	東海・近畿
ルーム5	：	中国・四国
ルーム6	：	九州・沖縄

6章

4. 「オプション」「再作成」「セッションの追加」 「すべてのセッションを開始」

ホスト / 共同ホストが「作成」のボタンを押すとグループ分けの画面が表示されます。その画面の一番下に「オプション」「再作成」「セッションの追加」「すべてのセッションを開始」というボタンがあります。

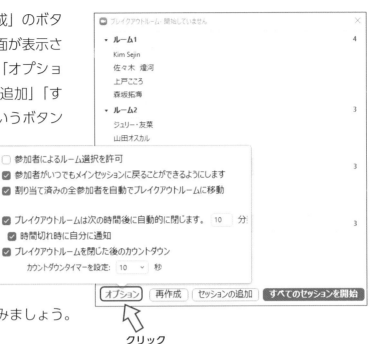

ここでも参加者によるルーム選択の設定ができます。

まず、オプションを開いてみましょう。

クリック

(1)「オプション」の設定
「オプション」をクリックします。

☑参加者によるルーム選択を許可
ここでも「参加者によるルーム選択」の設定ができます。
チェックするとブレイクアウトルームに移動後、参加者が自由に別のグループに移動できるようになります。

☑参加者がいつでもメインセッションに戻ることができるようにします。
特に理由がなければ、これはチェックをつけておいてよいでしょう。

☑割り当て済みの全参加者を自動でブレイクアウトルームに移動
ブレイクアウトルームに移動するときに、参加者は割り当てられた部屋に直接移動します。（チェックすることをおすすめします。）ここをチェックしていない場合、参加者が「参加」を押してからでないと移動できません。

☑**ブレイクアウトルームは次の時間後に自動的に閉じます。** ⬚分

ブレイクアウトルームを維持させたい時間（分）を入力します。

☑**時間切れ時に自分に通知**

ブレイクアウトルームの終了予定時間が来ると、メインルームにいるホスト／共同ホストに「すべてのブレイクアウトルームを今、閉じますか？」というメッセージが表示されます。

ここで、「今すぐ閉じる」をクリックすると、ブレイクアウトルームは終了します。

もう少し延長したいときは、「ブレイクアウトルームの公開を維持」を選びます。そして、終わらせたいタイミングで「今すぐ閉じる」をクリックすれば終了できます。

活動状況を見て、時間を調節することができるので便利です。

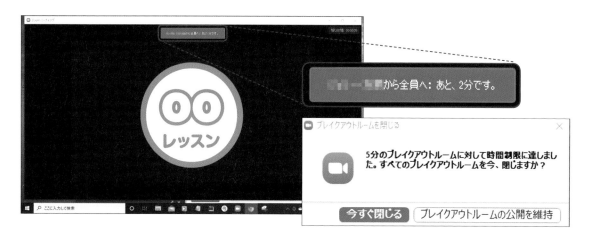

☑**ブレイクアウトルームを閉じた後のカウントダウン**

「ブレイクアウトルームを閉じた後のカウントダウン」とはブレイクアウトの終了時間が来た後、あるいは、ホスト／共同ホストが「すべてのセッションを停止」ボタンをクリックした後、XX秒後に参加者が戻る状態になるという意味です。120秒、60秒、30秒、15秒、10秒　から選べます。

ここにチェックをつけなければ、終了後（0秒）すぐにメインルームにもどすことができます。

(2)「再作成」・・・新しい組み合わせのグループを作る

新しい組み合わせのグループを作りたいときは、「再作成」をクリックして、再度ルームの設定を選びなおしてください。

新しいグループを再作成すると、それまで設定したグループの組分け情報はすべて消えるので注意してください。以前と同じグループにするためには、その設定を再度やりなおすことが必要です。

(3) セッションの追加・・・ルーム数を追加する

直前に設定したルーム数よりも増やしたい場合、ルーム数を追加できます。

ルームが多すぎたときは、ルームにカーソルを置くと「削除」を選択することができます。

(4)「すべてのセッションを開始」・・・ブレイクアウトルームの開始

準備ができたら、「すべてのセッションを開始」をクリックします。

そうすると参加者が各ルームに移動します。

> ブレイクアウトルームに移動する時、通信環境の不安定な参加者は
> Zoomから脱落したり、移動に時間がかかったりすることがあるよ。参
> 加者が移動する前にビデオをオフにしてもらい、ブレイクアウトルームに
> 入った後、再びビデオをオンにしてもらうと状況が改善することがあるよ。

5. ブレイクアウト中にできること

(1) 全員にメッセージを放送（ブロードキャスト）

ブレイクアウトルームに参加中の全員にメッセージを送りたいときに使います。

❶「全員にメッセージを放送」をクリックする。

❷ 伝えたいメッセージを記入して「ブロードキャスト」をクリックすると各ブレイク
アウトルームに表示される。

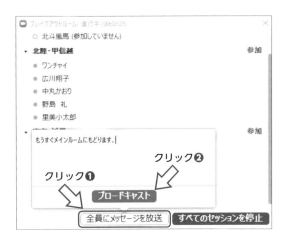

(2) ホストと共同ホストのルーム移動

ホストと共同ホストは、特に設定をしなくてもルーム間を移動することができます。ブ
レイクアウトルームのアイコンをクリックした後、行きたいルームの「参加」ボタンを押
すと自分で移動できます。

【ブレイクアウトルームに参加する方法】

(3) 参加者ができること

ホスト / 共同ホストが許可をすれば、画面共有（参照 p.50）、ホワイトボード（参照 p.52）やレコーディング（参照 p.67）は、ブレイクアウトルーム内でも利用可能です。

さまざまな機能を使うことでグループワークが活性化されます。

(4) 参加者への指示

◆ルーム番号の確認

参加者がブレイクアウトルームに移動したら、まず、ルーム番号を確認してもらいましょう。画面の左上の角にあります。

ブレイクアウトルーム中に、通信トラブルなどでブレイクアウトルームや Zoom から落ちてしまった人をもとのグループに戻すとき、「ルーム番号」がわかれば簡単に戻せます。（参照： 3章 名前の変更）

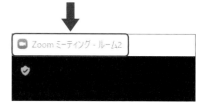

◆ホストにヘルプを求める

ブレイクアウトルームに行った後、参加者はツールバー上の「ホストにヘルプ」というアイコンを押して、ホストに困っていることを知らせることができます。

参加者が「ホストを招待」をクリックするとホストにルームからのヘルプが押されたことを伝えるメッセージが表示されます。

【参加者に表示される画面】	【ホストに表示される画面】

(5) ホストと共同ホストのブレイクアウトルームの退出

　ブレイクアウトルームを退出するときは、右下の角にある「ルームを退出する」を選びクリックしてください。そして「ブレイクアウトルームを退出」を選びます。間違って「ミーティングを退出」を押さないでください。

6. ブレイクアウトルームの終了

　ブレイクアウトルームを開始した後、予定時間前に終了させたい場合は、「ブレイクアウトルームを今すぐ閉じる」をクリックしてください。

　直前のグループの組み合わせの設定は残っているので、再度同じグループに分けることができます。もし新しいグループ分けをしたい場合は、「再作成」を選んでください。

7. ブレイクアウトルームでの活動を効果的にする留意点

◆話しやすい人数

　グループ活動で活発な話し合いを促進させるためには、参加者の心理的安全性の確保が大切です。課題を与える前にアイスブレイク活動をおこなうことをおすすめします（参照：**8章**）。小グループ活動の目的にもよりますが、話しやすい人数は3人から5人程度でしょう。7人以上の場合は各メンバーに明確な役割分担などがないと、ただそこにいるだけの人が生まれやすくなります。グループを固定し、毎回の授業で同じメンバーと作業すると、「私たちのグループ」という意識が出てきて協同作業がしやすくなることがよくあります。「Zoomでも友だちができるのが嬉しい」という参加者の気持ちが学習活動へのコミットメントを高めます。

◆事前に課題の指示を明確にする

　ブレイクアウトルームは小会議室に参加者を振り分けるので、教員の目が届かなくなります。したがって、ブレイクアウトルームに分ける前に、参加者全員に課題の指示やグループ

での作業の段取りを明確に指示することが重要です。解答方法も指示する必要があります。

<指示例>

1. これから、〇〇のメリットとデメリットについてグループで話し合います。それぞれの項目を10個以上だしてください	課題の指示
2. ブレイクアウトルームに行ったら、書記役を決めます。書記役は、みんなからでてきた意見をワードで書き留めてください。	記録の方法
3. 後でグループごとに口頭で発表してもらいます。	課題の発表 / 提出方法

　対面と違ってその場でプリントや模造紙を配布してグループ作業の結果を回収することはできませんが、グループ作業の記録方法や回収方法にはいくつかのやり方があります。

◆グループの協同作業を記録する方法
・参加者が自分のノートに書く
・ホワイトボードを共有して、話し合いの結果などを記入する。
・グループで書記役を決め、書記役の人がワードやパワーポイントスライドを画面共有して、記入していく。
・7章で紹介するGoogleのサービス、例えばスプレッドシート (p.91)、Jamboad (p.88) などを使用する。

◆上記のグループ作業の成果物を回収する方法
・Zoomのチャット機能が使用できるのであれば、チャットにファイルを添付して送信してもらう。
・各学校にある課題提出用のサイトやLMS（ラーニングマネジメントシステム）などを通じて提出してもらう。
・参加者に成果物をスマートフォンの写真やスクリーンショットにとってもらい、教員にメールで送ってもらう。
・Googleで共有できるフォルダーを作成し、そのリンクを参加者に伝え、提出してもらう。

◆個別指導への活用
　ゼミなどで個人指導をしたいときは、参加者1人に一つのブレイクアウトルームを割り当てます。参加者には時間内にやるべき課題を与えます。その後、教員は各ルームを順番に回り、1対1での指導をすることができます。

6章

7章　授業に役立つZoom プラス

　Zoom でグループ作業の可能性を広げていくには、参加者全員で協同作業ができるツールがあると便利です。Zoom のホワイトボードは授業中にしか使えませんが、Google のクラウドサービスは Zoom を使用しなくても継続してグループ作業ができます。この章ではそれらのツールと Zoom を使う方法をご紹介します。

1. Zoomで画面共有　Googleクラウドサービスを使う

　授業で Google のクラウドサービスをおすすめするのは、参加者が同時に同じファイルを見たり、編集したりでき、継続的な協同作業が簡単になるからです。Google のクラウドサービスは、Zoom 自体のサービスではありませんが、Zoom で話し合いをしながら参加者が一緒に見て、編集して、更新していくことができます。

　Google のアカウントを持っていない人は、個人で Gmail のアカウントを作ってみてはいかがでしょうか。（無料で利用できる Google ドライブの容量は 15GB まで）

　使い方はマイクロソフトの Excel、Word、PowerPoint とよく似ており、対応しています。

Google ドキュメント https://www.google.com/intl/ja_jp/docs/about/	Microsoft　Word に対応
Google スプレッドシート https://www.google.com/intl/ja_jp/sheets/about/	Microsoft　Excel に対応
Google スライド https://www.google.com/intl/ja_jp/slides/about/	Microsoft　PowerPoint に対応

　そのほか、Google Jamboard　というアイディア出しに適したデジタルホワイトボードのアプリ、試験問題を作成し結果を管理するのに便利な Google フォームなどがあります。

・Google Jamboard（グーグル　ジャムボード）
ホワイトボードの現物がなくても利用可能です。

・**Google フォーム**

https://www.google.com/intl/ja_jp/forms/about/

使い方は、Google のウェブサイトに掲載されています。

2. 授業で便利なGoogleのクラウドサービス（Googleスプレッドシート/ドキュメント/スライド/Jamboardなど）の使い方

❶ 教員は、協同作業用のファイル（Google スプレッドシート / ドキュメント / スライド /Jamboard）を開き、その URL をチャットに張り付けて参加者に知らせる。

❷ 参加者は各自、その URL にアクセスすることで、教員と同じファイルを見て、直接書き込むことができる。（Zoom の外での作業になる。）

❸ ブレイクアウトルーム中も参加者が話し合いながら書き込める。

❹ 教員は、協同作業用のファイルを見て、各ブレイクアウトルームの進捗状況が把握できる。

3. Googleのクラウドサービスの使い方

G メールのアカウントを持つと以下のような Google のトップ画面が表示されます。その右上の角を確認します。

クリック

のマークをクリックすると、以下のようにさまざまな Google のサービスのアイコンが広がります。右端のグレーのところのカーソルを下げていきます。

アイコンの配置は人によって異なるので、必要なものを探してください。

Google のドキュメント、スプレッドシート、スライド、Jamboard は見つかりましたか？　それぞれのアプリをまずはご自身で使ってみて感覚をつかんでください。

【Google のアイコン】　　下にスクロールする。

初めて使うときは、Jamboard はかなり下の方にあるから、がんばってアイコンを探し出そう。

4. 教員が参加者とファイルを共有する手順

Google スプレッドシート、ドキュメント、スライド、Jamboard とも、基本的な作り方、共有方法は同じです。まずは、大まかな手順を説明します。

❶ 新しいファイルを作る

Google スプレッドシート、ドキュメント、スライドとも、クリックして開いたら左上に大きな＋プラスマークがあるので、そこをクリックすると新しいファイルが作成される。

Google スプレッドシート

Google ドキュメント

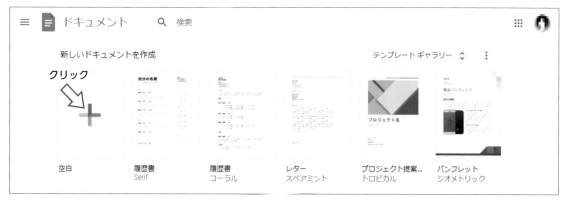

Google スライド

Jamboard は、右下にあるオレンジ色の＋プラスマークをクリックして新規ページを作成します。

Google Jamboard

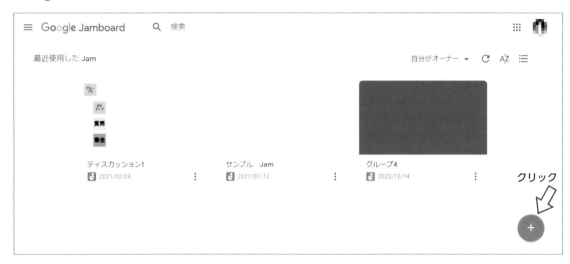

❷ ファイル名を付ける

左上「無題の Jam」と書いてあるところをクリックすると、ファイル名が変更できます。ファイルの名前をつけてください。

❸ みんなでファイルを編集できるようにする

右上にある青い「共有」ボタンをクリックする。

カーソルをのせると「非公開」という文字がでてくるので、現在、誰とも共有していない状態であることがわかる。

❹ 共有のボタンをクリックすると以下のように表示される。「リンクを知っている全員に変更」をクリックする。

❺ 協同作業をしたい場合は、「閲覧者」ではなく、「編集者」に修正する。

❻ 「リンクをコピー」というところをクリックして、Zoom のチャットの上に貼り、参加者に共有する。送信された URL をクリックするよう参加者に指示する。
各参加者は自分が立ち上げたファイルに書き込むことができる。

　　参加者の Google アカウントの設定によっては、リンクが開かないことがあります。その場合は、リンクをコピーして、ブラウザ（Google Crome など）を別途立ち上げて、URL を貼りつけてもらってください。

❼ Google のクラウドサービスで作成したファイルは、Zoom で画面共有して発表などに使うことができる。

これらの手順は、Google スプレッドシート、ドキュメント、スライド、Jamboard ともほとんど同じだよ。

5. Google スプレッドシートの使い方

Google スプレッドシートは、特に大人数での活動に適しています。

	授業用 質問シート ☆
ファイル 編集 表示 挿入 表示形式 データ ツール アドオン ヘルプ	最終編集: 数秒前

	A	B	C	D	E	F
1	グループ	メンバーの名前	問1）肯定感情のことば	問2）否定感情のことば	問3）協調的行動が生まれやすい条件は？	問4）
2	1	青木、吉村、植田、平河、大山、勝木	嬉しい、楽しい、ハッピー、気持ちいい、面白い、やったー、よっしゃー、わーい、良かった。すごい、素敵、かっこいい、かわいい、好き、最高、素敵	嫌い、気持ち悪い、最低、無理、まずい、つまらない、うざい、気まずい、疲れた、痛い、ダルい、悲しい、むかつく、不愉快、くさい、めんどくさい、		
3						
4	2	島崎、岡田、鎌田、水元、高橋、久保田	うれしい、気持ちいい、たのしい、面白い、好き、かわいい、面白い	かなしい、不愉快、胸くそ悪い、イライラ、くやしい、怖い、つまらない、疲れた、嫌い、最低、最悪、ウザい、キモい、だるい、辛い、めんどくさい、		
5						
6	3	松田、中森、小泉、武田、大久保、	楽しい、嬉しい、面白い、気持ちい、わくわく、好き、イケメン、かわいい、素敵、幸せ、るんるん、ほっこり、愛おしい、美味しい、大丈夫、良かった、上手、癒し、綺麗、愛してる	だるい、疲れた、眠い、うざい、つらい、苦しい、痛い、臭い、悲しい、嫌い、不安、いらいら、つまらない、きもい、不愉快、気持ち悪い		

◆便利な使い方

❶ スプレッドシートにグループと参加者名の記入欄を作っておく。
  タブを日付別にすると過去の授業で何をしたかが把握しやすい。他のグループの結果が見えないようにしたいときは、グループごとにシートを変えるとよい。

❷ ファイルを共有していれば、教員がその場で質問項目を書き込む様子を参加者が見ることができるので、質問項目を追加しながら授業を進めることもできる。

❸ 参加者全員が書き込むことはできるが、グループ内で書記役を決めてやってもよい。
  Wi-fi 環境が安定している人が書記役に適している。
  グループ内で工夫して最適な方法を考えるのも協同作業の一つとも言える。

7章

❹ 各グループが同じシートに書けるようにしておくと他のグループのコメントも見ることができる。また教員は、このシートを見ながら、参加者全体に問いかけたり、フィードバックができる。

多くの参加者が同時に書き込むと、
動きが遅くなるので注意しよう。

6. Google Jamboardの使い方

Jamboard は、特にブレインストーミングや絵を描いたり、画像を使ったコラージュを作成したりするのに適しています。

◆付箋を使う

❶ 左側にあるボタンの意味を参加者に説明する。

❷ 付箋のマークをクリックすると付箋が開く。

❸ 付箋の色を右上の色から選ぶ。

❹ 文字を書きこみ、保存する。

❺ 正方形の付箋に文字が入ったものが Jamboard 上に表示される。

❻ 付箋にカーソルを置くと、向きを変えたりコピーや削除の表示がでる。

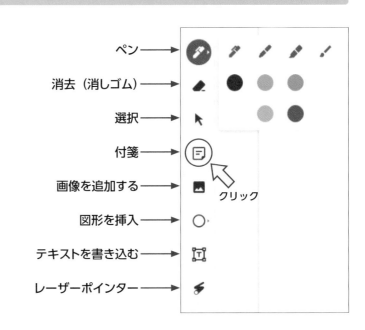

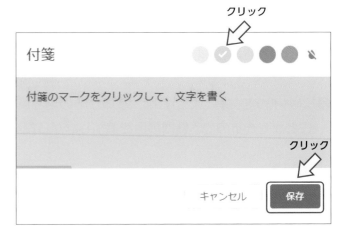

付箋は正方形のみ。改行やフォントの変更などはできないよ。
付箋全体のサイズを変えると、文字の大きさもそれに合わせて変わるよ。

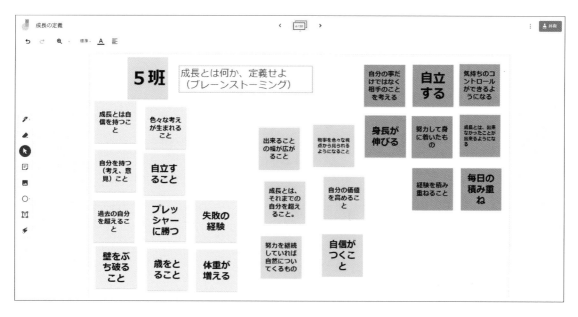

◆その他の Jamboard の使い方

❶ Jamboard のページを増やすには、画面上部の　（数字は作成枚数）と書いてあるところをクリックして広げると、ページ（フレーム）の削除やコピーができる。
青いプラスマークをクリックすると、ページ（フレーム）が増やせる。

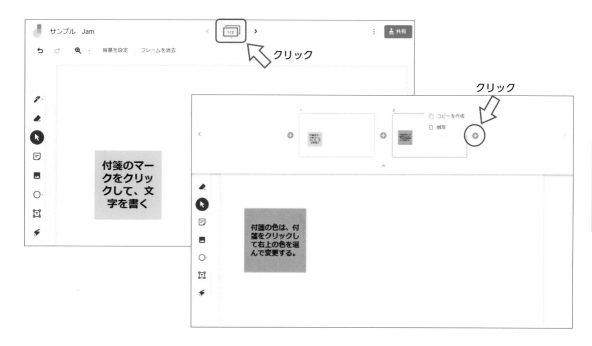

7章

❷ 画面右上の「共有」の左にある ⋮ をクリックすると、各ページ（フレーム）の画像をPDFや画像ファイルにすることができる。

◆ JamboardやGoogleスライドを使うときの注意点

30人程度が同時に書き込もうとするとファイルの動きが遅くなります。

書き込む人（書記役）を決めて作業する、またはグループごとにファイルを分けるとよいでしょう。

クラウドのサービスは、個人情報や授業の採点などでは、使用しないようにしよう。
セキュリティのためには、
・**利用が終了したらデータをダウンロードして、クラウド上からは消す**
・**同じURLを使いまわしをしない**
ことが大切だよ。

8章 教室内の活性化のための グループ活動について

　オンライン授業になって、生徒同士で話したり交流する時間が限られ、精神的にも追いやられている生徒が出てきています。でも、それはオンライン授業の問題よりも、オンラインで何ができるかを教員側が試行錯誤すべき問題のように思えます。オンラインの授業をデザインするとき、教科の内容だけでなく、生徒のためのコミュニケーションの場を提供することを考慮するのはいかがでしょうか。オンライン授業でも、遊び心と簡単な操作で生徒同士が相互作用をする場を提供し、友人が作れ、元気づけ合うこともできます。講義内容の進行も重要ですが、オンライン授業でクラスを活性化するちょっとした工夫をご紹介します。一見、遊びのように思えますが、実はこうした学習活動は 21 世紀型能力の育成にも関係しています。

1. オンライン授業と協同学習

　変化の激しいグローバル化社会に対応できる 21 世紀型能力 では従来型の基礎的学力の他に教科を超えた「人との関わりの中で課題を解決できる力など、社会の中で生きる力に直結する」能力が求められています。アクティブラーニングの推奨もその流れの中にあります。また、協力する価値やその具体的行動は自然に学習されるものではありません。「社会的スキル (Social Competence) も「協調的スキル（Collaborative Skills)」もグループメンバーとともに共通の目標を達成するために必要な信頼感の醸成し、明確なコミュニケーションをとり、支援することなどを体験的に学んでいく必要があります。協働する価値と実践を教えていく方法として「協同学習」があります。協同学習は以下の 5 点の基本的要素 を含みます。これらは教科を問わず、通常の授業内でのコミュニケーションの中で教員が意識的に取り入れられるものです。それらの要素を Zoom の授業でも取り入れることは可能です。

＜協同学習の基本的要素＞

1）**互恵的な相互依存性**：仲間と協力することで成功できる課題を与えることで可能になります。
2）**生徒同士が顔を合わせて行う励まし合い**：Zoom では上半身だけであっても、顔を見て、仲間と話し合うことができ、声がけができます。
3）**自分の行動を説明する責任**：個々人の成績評価を本人やグループにフィードバックす

8章

教室内の活性化のためのグループ活動について　95

ることで生じるものです。これは対面かオンラインかの問題ではありません。適切な
フィードバックを与えるための時間的余裕や 1 クラスが適正な人数であるかによる
ものです。

4） **社会的技能**：リーダーシップ、意志決定、コミュニケーションなどを社会的技能とい
います。教科内容に合わせて必要な技能を指導する能力が教員に求められています。

5） **協同活動評価**：授業内でのグループ活動が効果的にできたかどうかをメンバーが振り
返る活動を持つことです。「グループ活動に役立った各メンバーの行動は何だったか」
「次回のグループ活動をよりよくするために各個人は何ができるだろうか」と言った
問いを与えてブレイクアウトルームで話し合ってもらうことなどができます。

　毎回の授業で 5 つの基本的要素を全て取り入れることはできなくても、そうした要素
をご自身の授業の中に反映させていくことが重要で、そこには対面かオンライン授業かは
関係ありません。

2. デジタルネイティブへの対応

　デジタルネイティブと言われる今どきの生徒たちは、急に「XXX について積極的に話
し合ってください。」と急に言っても、すぐに誰とでも本心を語れるわけでもありません。
このメンバーに対しては何を言っても拒絶されず自分のことを話してもいいのだと思える
心理的安全性の確保が重要です。そうした場づくりは一瞬でできるものではありません。
日常のコミュニケーションの積み重ねから立ち上がってきます。また、集中力の維持も苦
手です。だからこそ、教室内のコミュニケーションを支援する教員の関わり行動、グルー
プ活動のデザインが必要になってきます。

　本章では、対面と異なる Zoom のコミュニケーションを意識して、効果的にかかわる
ポイントを解説します。また、協同学習理論を採用したアイスブレイク活動を紹介します。
アイスブレイクは緊張した場を温め、円滑なコミュニケーションをとりやすくするための
準備運動のようなものです。また、集中力が落ちたときや、眠気覚ましの気分転換にも使
えます。「話し合いって楽しいね。」「役に立つね。」という思いを参加者が持てれば、彼ら
が積極的に参加できるオンライン授業ができあがってくるでしょう。完璧を目指す必要は
ありません。まずは私たちがこの状況を柔軟に受け止め、自らが楽しいと思う授業を作る
情熱があればいいのです。

　講義をするにしても、グループ活動をするにしても、生徒に語りかけるのは教員の一つの役割です。話す内容が素晴らしくても、生徒が「聴きたい」と思う語りかけがなければ生徒はすぐに集中力を失って 別のことをやってしまいます。

　直接の対人コミュニケーションと異なり、Zoom の画面で使える非言語表現は主に上半身に限られ、動きも制約されています。しかし、その限られた身体ツールを話の内容に合わせて適切に使うことはできます。

・**目線**：「目は口ほどにものを言う」とはいうものの、Zoomでは直接相手の目を見ることはできません。相手の目を見るつもりであれば、カメラに視線を向けてください。いわゆる「カメラ目線」をすることで生徒は自分に語りかけられていると感じます。

・**表情**：表情は感情を伝えます。教員自身が生徒と有意義で楽しい時間を過ごそうという気持ちでリラックスして臨んでください。慣れないうちは緊張して表情も硬くなりますが、そんなときは「実は私も緊張しているんで・・・」と生徒と気持ちを共有してください。生徒の持つ機器の画面サイズにもよりますが、ギャラリービューの画像になると、かなり小さく映ります。「ここは重要なポイントですよ。」としっかり伝えたいのであれば、カメラに向かって少し大げさに表情をつくってもいいでしょう。

・**姿勢、ジェスチャー**：カメラと目線が合うように椅子の高さなどを調整して、ご自身の身体のどの部分が映っているかを意識してください。ご自身の語りに合わせて、首、手を動かしてみましょう。Zoomは写真ではありません、動画です。動きがある方が参加者の注意を惹きつけられますので、強調したいときはカメラ目線で指をさしながら「ここがポイントですよ。」とポーズを決めてもいいでしょう。

・**語りかけ方**：声に関わるところですが、強調したいのは「抑揚」と「間」です。私たちはコンピュータではなく、気持ちを声に乗せることができます。初出の専門用語はあえて、一呼吸おいて、ゆっくり発音するなど、声の抑揚とスピードの変化によって参加者の注意を引くことができます。
　優れたスピーカーは一方的に話しているわけではありません。実は聴衆の呼吸や表情などの反応を得て、それに合わせて話をしています。Zoom の場合でも同様です。画面に映る参加者の表情の変化、息づかいを感じて、それに合わせたスピードで話すようにするとちょうどいい「間」が取れます。

そういう点では筆者は生徒にはビデオオンにした「顔出し」を勧めています。空間を共有していなくてもZoom上では「対面」ができるのですから。また、参加者が50名以下であれば、雑音やハウリングの問題がなければ、参加者にミュートにさせる必要もないと思います。講義を聴きながら、生徒の笑い声やつぶやきも教室内の一体感の醸成につながります。要は学生から漏れた発言を教員がその場で拾い上げ、「Cさん、いま、『えー』って言ったけど、どうしてかちょっと、その理由を説明して」と参加者の意見を拾い上げるきっかけにすればいいのです。

また、一方的に情報を教員が与えるだけでは生徒の脳は受け身になるだけです。指名して発言はなくても、「・・・について皆さんはどう思いますか。」と質問してから5秒間をおいて、解説を続けてもいいでしょう。その5秒の間に参加者の脳は答えを探そうと主体的に動きだします。一度、自分の脳を動かしてから、解説を聴く方が情報を受け取りやすくなります。

オンデマンド教材作成で生徒がいないのに、Zoomで講義用ビデオを作成しなければならないとき、語りかけは重要度を増します。コツは深夜番組のラジオのパーソナリティかYoutuberになったつもりで語ることです。あたかも目の前に会話する相手がいるつもりで語りかけるのです。「それは難しいなぁ」と思われる方にはこんな方法があります。小さなぬいぐるみやマスコットをパソコンのカメラのそばにおいてください。そして、それに語りかけるように話すとやりやすくなりますよ。

教員は教科内容のみならず、教室内コミュニケーションやプレゼンテーションのお手本になる立場でもあります。ちょっとした教室内コミュニケーションの配慮が生徒の教室内コミュニケーションに影響を与えています。

＜クラス内コミュニケーションのTips＞

教室内での生徒の自発的発言を増やすためには、出席の取り方や指名方法にちょっとした工夫を加えることができます。基本的には順番でやるより、ランダムにやる方が心地よい緊張感が維持されます。

1. 「応答出席」
   ① 教員：山田さん
   ② 生徒：はい
   ③ 教員：今朝、起きて最初にしたことは？ （生徒のライフに関する質問）
   ④ 生徒：目覚ましを止めました。
   ⑤ 教員： 私は目覚ましを二つ使ってそのまま寝ることがよくあります。 （教師の自己開示）

- 質問例：「好きな（色、季節、食べ物、場所）は？」、「今日の気分は？」、「今、1000万円あったら、どうしますか？」、「最近、ドキドキ（ワクワク、キュンキュン）したことは？」
- ＊他愛のないことで、学生1人と30秒くらい雑談する感じでよいのです。発言している人にとっては、みんなの前で話すことに慣れ、他の生徒はかなり興味を持って聞き耳を立てています。25名程度のクラスなら、それほど時間を取りません。

Zoom の場合、マイク音声のチェックにもなるよ。

2. 「特徴で指名」
- 「髪の毛の一番長い人」、「黒いシャツを着ている人」、「きのう、バナナを食べた人」と言って、挙手してもらいその人を指名する。生徒はそうした特徴の人を画面から探そうとします。オンライン授業であっても、周囲の仲間に関心をもつようになり、生徒自らビデオをオンにしてコミュニケーションをとるようになってきます。

3. 「指名役は生徒」
- 指名するのは教員だけの特権ではありません。生徒にも手伝ってもらいましょう。教員が最初の発言をする人だけ指名します。発言を終えた人に次の人を指名してもらいます。

  上記の「特徴で指名」に慣れてくると、生徒が「指輪をしている人」、「昨日ころんだ人」などユニークな指名をしてきます。

簡単な活動だけど、教室の雰囲気が変わってくるよ。

次のページからは簡単なアイスブレイク活動の教案になります。

8章

＜アイスブレイク諸活動例＞

タイトル①：共通点を探せ	
目的	心理的安全性、相互理解、発想力
時間	5分～10分程度
人数	何人でもよい
操作スキル	ブレイクアウトルーム（2－6人／グループ）
準備	特になし

　「自己紹介をして」と指示しても、所属と名前をいう型通りのやり方では、学生同士はなかなか打ち解けないものです。自分と相手が違うことは気づきやすく、警戒しやすくなります。反対に共通点ある人には好感や親密感をもちます。初めてのグループ活動で名前を知らない人同士でも、いきなりやっても成功しやすいアイスブレイク活動です。

　さらに、「共通点」というのは最初から存在しているものではありません。会話を深めるにしたがって、多くの共通点が発見されていきます。1度だけでなく、授業のたび、毎回、新たな共通点を探す会話を繰り返していくことで、心理的安全性を確保し、他者との共通点を探す引き出しが増えていきます。協同学習で言う「社会的スキルの促進」の基礎的訓練にもなります。2名から6名程度のグループでやるといいでしょう。

＜進め方＞

❶ 「これから、グループ活動をします。1グループ4人から5人です。」

❷ 「グループに分かれたら、そのグループ全員が共通している点を探し出してください。4人組なら4人全員が共通している点です。ただ、「目が二つある」、「みんなXX大学の学生である」というような話さなくてもわかる共通点では面白くありません。例えば、全員虫歯ある、全員アボガドが嫌い、全員インドにいったことがある、など話してみて発見できる共通点をたくさん探してください。」

❸ 「2分で10個以上探しだしてください。メモ用紙に共通点を書いておいてください。」

❹ 「では、ブレイクアウトルームに行きます。いってらっしゃい。」

❺ 残り時間　30秒くらいで「あと、30秒です。」とブロードキャストでアナウンスをいれてもよい。

❻ 全員がメインルームに戻ってきたら、グループごとに「何個共通点がありましたか。」「面白い共通点を二つ教えてください」と情報共有をしてもらう。

❼ そのあとで、「共通点が見つかったとき、どんな気持ちでしたか。」と何人かの学生に聞いてみましょう。肯定的な感情を言う人が多いでしょう。「ああ！」と思ったという人がいたら、「それはうれしい『ああ』ですか。困った『ああ』ですか。」と尋ねるといいでしょう。

タイトル② : **チェックイン**	
目的	心理的安全性、相互理解、自分の感情を理解し表現する
時間	5分～10分程度
人数	何人でもよい
操作スキル	人数が多い場合はブレイクアウトルーム　（3－6人／グループ）
準備	特になし

　「チェックイン」という言葉はホテルや飛行場でよく聞く言葉で、英語で「確かめる」という言う意味です。授業や会議で参加者が全員揃ったときに、最初にやる「チェックイン」はメンバーの気持ちを確かめることが目的です。

　日本では、自分の気持ちを相手に話す場面があまり多くありませんが、チェックインを通じて、自分の気持ちを確認し、その気持ちになった理由を語る訓練になります。これは「アサーティブ・コミュニケーション」の基礎でもあります。また、1人が語っている間、グループの仲間はじっくりとその話を聴くことに注力し、つっこみや質問をする必要はありません。ただ、自分が話したことを仲間がじっくり聞いてくれるという場を持つことで、その後の話し合いなどの発言もしやすくなります。そうした雰囲気づくりにも効果がある活動です。毎回の授業の初めにやるといいでしょう。

<進め方>

❶ 「これから、グループでチェックインをします。チェックインは英語で確かめるという意味です。これから、グループの仲間の気持ちを確かめるチェックインをしましょう。」

❷ 「やりかたは　(1) 今の自分の気持ちをみんなに語ります。1人30秒くらいです。(2) 話す順番は決めません。気が向いた人から話を始めて、全員が一言語ったら終わりです。(3) みんなを笑わせようとかいい話をしようとか考えず、心に浮かんだことを自由に話すことが大切です。(4) 1人が話しているときは、質問や、突っ込みをしないでみなさんはじっくり聞いてください。ただ、そうなんだ。と受け止めるだけでいいです。」

❸ （モデルを示す）「まず、私がチェックインしますね。昨日、遅くまでゲームをやってしまったんで、起きられなくて朝ごはんを食べられなくて、いま、おなかが減って力がでないんですよ。(教員やリーダーが率直に語ると、参加者も本音が語りやすくなります。)」

❹ 「では、グループに分けます。時間は3分くらいです。時間があまったら、雑談をしていてください。」

＊今の気持ち以外にも「24時間以内にあったちょっとうれしかったこと」、「最近、自分がえらいと思った瞬間」、「最近、興味をもったニュースや情報とその理由」なども可能です。

タイトル③：**うそホントゲーム**	
目的	相互理解、自己開示、観察力、想像力
時間	10〜20分ほど （大まかに人数×3分）
人数	何人でもよい
操作スキル	ブレイクアウトルーム （3−6人／グループ）
参加者が必要な操作スキル	チャット
準備	特になし

＜活動内容の概要とポイント＞

　相手の多面的な側面を知ることを目的にしたゲームです。嘘をまぜた自己紹介を作るには想像力が必要です。また、発表を聞くメンバーは本人をよく観察し、日頃の言動とすり合わせながら、嘘を見抜かなければなりません。さらに、「なぜ、そう思ったのか」を話し合うことで、自分や他者が何を根拠に判断するかということが学べます。初対面同士、ある程度の知り合い、とても仲の良い友達でやっても違う反応ができるので幅広く楽しめます。お互いの意外性を楽しみましょう。

＜進め方＞

❶ 「今日は『うそホントゲーム』をします。」

❷ 「ゲームの目的はみんなのことをもっと知り、他の人にも自分のことを知ってもらうことです。みんながよい雰囲気でできるように必ずリアクションをとってください。」

❸ 「三つの情報を入れた自己紹介をしてもらいます。その中の一つに嘘の情報入れて下さい。それを聴き手が当てるゲームです。三つの情報を全てそれっぽく嘘か本当か分かりにくい事を入れると、当てにくくなって楽しめます。」

❹ 「まず、1人が自己紹介します。発表し終えたら、聞き手のみんながチャットでウソだと思った番号を書き込んで下さい。『せーの』で送信します。その後で、なぜそう思ったかなど雑談してください。」

❺ 「私が見本になります。一緒にやりましょう。『(1) 私はプロスポーツチームに所属したことがある　(2) 私は1ヶ月以上留学したことがある　(3) 私はフォアグラを食べたことがない』みなさんはこの中で嘘だと思うものの番号をチャットで一斉に送ってください。」（実際にメインルームでやる。）

❻ 「これから3分で自分の三つの情報を入れた自己紹介を作ってください。」（各自に作ってもらう）

❼ 「これから、ブレイクアウトルームに分かれてゲームをします。1人が自己紹介をしてから、他の人が嘘だと思う回答をチャットで送り、話し合うのを1セットとします。1セット3分で順番にやってください。ではグループを割り振ります！　いってらっしゃい！」

タイトル④：**イメージ当てゲーム**	
目的	心理的安全性、相互理解、自己分析、観察力、想像力、漢字の復習
時間	10 ～ 20 分ほど　（大まかに人数×2分）
人数	何人でもよい
操作スキル	Jamboard チャット　人数が多い場合はブレイクアウトルーム使用
参加者が必要な操作スキル	Jamboard チャット
準備	参加者に Jamboard の使い方を導入しておく

＜活動内容の概要とポイント＞

　定型的な自己紹介はあまりオープンに話せなかったり、聴衆の印象に残らなかったりすることもあります。このゲームでは自分自身のイメージを漢字で表すことによって、クイズ仕立てで自己紹介をします。自分を表現する漢字一文字を選ぶためには、自分の経験や個性を振り返る必要があります。クイズの回答者は漢字から相手を類推します。漢字クイズをきっかけとして、相手の意外な一面や自分との共通点、あるいはイメージのズレを見つけることができ、相互理解の促進になります。生徒同士の自然な対話の発生を促す効果もあり、心理的安全性の確保にもいいでしょう。さらに、Jambord の使い方の練習もできます。

＜進め方＞

❶ 「まず、自分を表す漢字一文字を決めて、Jamboard の付箋に書いてください。グループの中で誰がその漢字を書いたか当てるゲームです。」

❷ Jamboard の URL を共有する。

❸ 「自分のことを表す漢字一文字を付箋に入力してください。自分の今までの人生から見るとこの漢字しかないという一文字を入力してください。2 分以内に書いてください。」

❹ 「それでは、一つずつ漢字を見ていきたいと思います。まずは『風』という漢字は誰が書いたものかを当ててください。その人の名前をチャットに入力してください。」

❺ 「では、この漢字を書いた人は誰でしょう。出てきてください。」

❻ 「（漢字を書いた本人に）なぜその漢字を選んだのか、エピソードを 1 分程度で語ってください。」

＊上記のプロセス❻までを 2，3人にモデルとしてやってもらいます。人数が多い場合、4人から6人くらいを1グループとしてブレイクアウトルームに分けて同様に続けてもらいます。事前に「グループに分かれたら、司会者を決めるように」と指示をしておきます。

　一通り終わり、メインルームに戻ったら、感想や気付きを共有します。「どんなことに気づきましたか。」「自分との共通点を感じたものはありますか。」など。

タイトル⑤：お絵描きバトンゲーム	
目的	相手の意図を察する　支援する、協力する　連帯感を醸成する
時間	5分 (お題を決め、絵を描く時間) ＋発表 (1分程度×グループ数)
人数	3人以上　何人でもよい
操作スキル	ブレイクアウト　（3－5人／グループ）
参加者が必要な操作スキル	ホワイトボードで描いて保存する、ホワイトボードの画面共有をする (Jam board でも可)
準備	参加者にホワイトボード操作を導入しておく

＜活動内容の概要とポイント＞

　この活動は回答者1人と絵を描く人（複数）に分かれます。絵を描く人は絵のテーマを決めます。ただし、そのテーマは回答者には秘密です。テーマに合わせて、1人ずつ順番に短時間で絵を描きこんでいきますが、その間会話をしてはいけません。前に描いた人の意図を察して、絵を描きこんでいき一つの絵を完成させます。そして、回答者はその絵のテーマを当てます。競争することではなく、チームワークが求められる活動なので連帯感が醸成される活動です。

　1人が絵を描く時間を短く設定する（10秒から20秒程度）ので各参加者の直感的な行動や飾らない個性が出ます。

＜進め方＞

❶ ホワイトボードの操作方法、保存方法を紹介する。(p.57-58)

❷ 「これから、4人のグループに分かれてアイスブレイクをします。」

❸ 「Zoom のホワイトボード機能を使って、順番に絵を描き、グループで一つの絵を完成させます。そして回答者に完成した絵が何なのかを当てるというゲームです。ルールを説明していきます。」

❹ ＜ STEP 1＞ 「まず、3～5人で1組のグループに分かれます。その中で回答者を1人選び、それ以外の人が絵のお題を考えてください。例えば、『海』、『沖縄』、『美容師』など単語レベルでいいです。お題は回答者にわからないように、紙などに書いてカメラ越しに発表してください。その時、回答者の人は画面を見ないでください。」

❺ **＜ STEP 2 ＞**「次に、絵を描く人は順番を決めてください。1 人が絵を描く時間は 10 秒です。順番に絵を書き足していき、一つの絵を完成させます。その間は決して話をしないでください。回答者はその間タイムキーパーをしてください。10 秒たったら、絵を描く人を交替させてください。」

❻ **＜ STEP 3 ＞**「絵が完成したら回答者は絵をよく見て、お題を当ててください。」

❼「1 人ずつ回答者の役割を交代でやっていくので、4 人グループの場合、4 回やります。ホワイトボードの画面はあらかじめ 4 人分に仕切っておいてください。」

❽「最後に完成した絵を保存してください。メインセッションに戻った後、どんな絵が描かれたのかそれぞれのグループの代表者に画面共有して発表をしてもらいます。質問はありますか。」

❾「それではブレイクアウトルームに分かれてゲームを始めましょう、いってらっしゃい！」

❿ 終了する前に「ホワイトボード保存」というアナウンスをブロードキャストで 3 回程度送る。

⓫ 全員がメインルームに戻ってきたら、ドキュメントにある Zoom ファイルからホワイトボードを開く方法を教える。

⓬「それでは皆さん、各班で出来上がった絵を順番に見ていきましょう」

⓭ 班の代表の人に画面共有をしてもらって、感想などを言い合う。「他のグループの絵について気になることや突っ込みたいことがあったら遠慮せずに発言、質問してください。」

他のグループの絵を見るのは参加者の好奇心をそそります。同じ語彙であっても、表現の違いや受け止め方が様々であることが話し合いで出てくるとよいでしょう。

スピーディーにやっていくことで面白さ倍増だよ！

8章

タイトル⑥：**ホワイトボードでお絵かき**	
目的	授業で新しい概念や用語の定義をする前の導入に、参加者がテーマについて知っていることを共有する。スキーマの活性化、新しい概念と自分を関連付ける
時間	10分程度（絵を描く時間）＋発表（1グループ2分Xグループ数）
人数	何人でもよい／7人以上ならグループに分ける
操作スキル	ブレイクアウト　（3－5人／グループ）
参加者が必要な操作スキル	ホワイトボードで描く、保存する、面共有する（Jamboardでも可）
準備	ホワイトボードの操作法を参加者に説明しておく

＜活動内容の概要とポイント＞

　授業で導入したい概念や用語の定義を教員が説明する前に、学生に「XXXについて、何か知っていますか。」と尋ねても答えが返ってくることはあまりありません。まず、紹介したい用語について、どんな知識、誤解があるか、知らないならどんなイメージを持っているか、記憶を呼び起こしてもらいましょう。生徒たちの脳を活性化させる準備作業です。絵やイメージで表現することで、抽象概念を自分と関連づけ、多角的に考えられます。そして、生徒の理解度を確認してから、解説をすると新しい概念が学びやすくなります。

　各教科で取り上げる用語は異なりますが、こちらの絵は「コロナ」というテーマで描いてもらった絵です。各班の絵の発表のあと、「コロナ禍と社会の変化、個人の変化」についての講義をしました。

＜進め方＞

❶ ホワイトボードの操作方法、保存方法（p.57-58）を説明する。

❷ 「これから、グループに分かれてホワイトボードに絵を描いてもらいます。時間は7分です。グループで話し合って、テーマに合った絵を描いてください。」

❸ 「テーマは『コロナ』です。グループで話し合って素敵な絵を描いてください。」（他にも教科に合わせて、『宗教』、『平等と公平』、『ブランディング』、『DX（デジタルトランスフォーメーション）』、『SDGs』など様々に設定可能です。）

❹ 終了する前に「ホワイトボードの保存」というアナウンスを3回くらい送る。

❺ 全員がメインルームに戻ってきたら、ドキュメントにあるZoomファイルからホワイトボードを開く方法を教える。

❻ グループごとに2分程度で絵を画面共有して、説明してもらう。

タイトル⑦：**ビデオオフでポーズ当て☆**	
目的	身体を使ったアイスブレイク、説明力と想像力の向上、相互理解の促進、クラスの一体感の醸成。体を動かすことによる疲労回復、気分転換
時間	10分
人数	2人からZoomの1画面に収まる人数（49人程度）
操作スキル	スクリーンショット／撮ったスクリーンショットの画面共有
準備	特になし！

＜活動内容の概要とポイント＞

　人に分かりやすく伝えたり、指示を出したりすることは結構難しいことです。この活動は自分の動作を具体的に明確に相手に伝える言語能力を鍛えることができます。また、指示を出される側は適切に相手の意図、意味を想像する力が求められます。

　また、オンライン授業では身体の動きが制限されてますが、身体を動かすことで気分転換、リフレッシュもできます。さらに、全員ができるだけ同じ動作をしようとする試みからクラスの一体感が生まれやすいです。最初に教員が1回目のリーダーを引き受けて、モデルを示すと後の活動がやりやすくなります。

＜進め方＞

❶ 「最初は全員マイクオン、ビデオオンの状態に参加してください。」

❷ 「このゲームは、全員がビデオをオフにしてやります。リーダー役が自分がとっているポーズを全員に説明します。リーダーの説明をよく聞いて、リーダーと同じポーズをとってください。全員でポーズがそろえることができたら、成功です。できなかったら失敗です。」

❸ 「リーダーやりたい人は手をあげてください。手が挙がらない場合は指名します！」

❹ 「リーダーを含め全員ビデオの停止ボタンを押して、ビデオオフにしてください。」（ファシリテーターは全員がビデオオフになったのを確認してから）「リーダーはみんなにしてほしいポーズを決めてポーズとってください。カメラに映る上半身だけのポーズでお願いします。（慣れてきたら難易度を挙げて、全身を使ったポーズでも良い）」

❺ 「リーダーはみんながマネできるように分かりやすく自分のポーズの説明をしてください。2分間でお願いします。リーダー以外の人は説明に従ってポーズをマネしてください。この時は質問はできません。よーいスタート！」（ファシリテーターは時間を測る）

❻ （2分経過したら）「2分経過しました。ポーズが取れましたか。それでは、全員一斉にビデオオンにしますが、そのとき、このポーズをしたままビデオオンにします。スクリーンショットを撮るのでしばらく動かないでください。ではビデオを一斉にオン

8章

にしてください！」

❼ ビデオがオンになったらファシリテーターはそすぐに画面のスクリーンショットを撮る。
　・Windowsは「Alt ＋PrintScreen」でピクチャのスクリーンショットに自動に保存される。
　・Macは「shift ＋command ＋3」でデスクトップに自動保存される。

❽ 全員が同じポーズを出来ていたかスクリーンショットした画像を使ってチェックする。
「ではみんなが同じポーズをとれていたかスクリーンショットを見て確認していきましょう！」
ファシリテーターはスクリーンショットを画面共有する。

❾ ファシリテーターは参加者に問いかけてみる。「誰が一番同じポーズができていますか。」「どんな指示がわかりやすかったですか。」「なぜ、XX のところが違ってしまったのでしょうか。」

❿ リーダーを変えて、何回かやってみた後、「リーダー役をした人、どんなことを意識して指示をしましたか？」「リーダーの説明を聞く時、何を意識しましたか。」「人に指示を与えるとき、どんなことが大切でしょうか。」と言った質問をしてみることで言語表現についての学びを共有できます。

リーダーの説明例）「両手をグーにしてあごの下にぶりっ子みたいにつけます。その時、手のひら側は自分の体の方に向けて、グー同士はくっつけてください。頭は斜め左に傾けてください。」

タイトル⑧：**定番当て**	
目的	相互理解の促進、ユニークな発想を肯定的に捉える態度の育成 多様性の受容、経験を語る、傾聴
時間	15分〜20分
人数	3人からZoomの1画面に収まる人数（49人程度）
操作スキル	ブレイクアウトルーム、スポットライト機能
準備	紙と太い字の書けるペン（A4程度の大きさの用紙が見やすい）

＜活動内容の概要とポイント＞

　一つのお題をきっかけに、生徒のさまざまな連想を共有し、そこから個人的なエピソードを語ってもらう活動です。

　ファシリテーターはユニークな回答や興味深い回答をした人にエピソードを語ってもらいます。その後、質問やつっこみを入れることで相手の新しい魅力を引き出すことができます。

　基本的な流れはファシリテーターが「○○といえば？」とお題を出し、各自が連想した回答を紙に記入し、皆で見せ合います。

　過去の体験談や貴重な経験を聞く機会にすることもでき、生徒同士の新たな発見にも繋がります。この活動の成功はファシリテーターのトーク力に負うところがありますが、ファシリテーションの練習として生徒にもやってもらうのもよいでしょう。ファシリテーターという役目を生徒がするといつもよりつっこんだ質問をする傾向があります。

＜進め方＞

❶「これからお題を出します。みなさんが連想した答えを1単語又は一言で紙に記入してください」

❷「では早速始めて行きます。第1題目は、『お袋の味といえば？』です。この言葉から連想する言葉を1単語で紙に大きく書いてください。（あるいはチャットをつかってもいい）」

❸「では、私が合図をしたら、回答をカメラに見せてください。」
　「はい、見せてください。」
　30秒ほどあれば記入が終わる。ファシリテーター自身も参加するとよい。

❹ 最初にエピソードを語るのは難しいので、ファシリテーターがモデルになって、自分の回答についてのエピソードを2分以内で起承転結を意識してイキイキと語るとよい。
　参加者はファシリテーターの語り方を模倣する傾向がある。

❺ 次に、ファシリテーターが面白い回答だな、気になるなと思う回答の人を指名して、エピソードを語ってくれるように依頼する。

❻ エピソードを語ってもらったら、ファシリテーターはその内容について、いろいろと
　つっこみを入れて場を盛り上げるとよい。（お笑い芸人をイメージして）
❼ エピソードを語った人に「ほかの人の回答で気になるものはありますか」と質問する。

　参加者に次にエピソードを語る人を決めてもらうと全体の参加を促すことになります。
参加者全員の回答を聴くことにこだわるよりも、ユニークなものをいくつか取り上げて、
次のお題に話題を移し、スピーディーにすすめるほうが楽しいでしょう。

～お題の例～

・告白する学校の場所といえば？　　・日本を代表する和食といえば？
・修学旅行の夜することといえば？　・カラオケの定番曲といえば？

＜参考文献＞

◇アンデシュ・ハンセン（2020）『スマホ脳』株式会社新潮 久山葉子訳

◇勝野 頼彦他（2013）『平成 24 年度 プロジェクト研究調査研究報告書 初等中等教育－020 教育課程の編成に関する基礎的研究報告書5 社会の変化に対応する資質や能力を育成する教育課程編成の基本原理〔改訂版〕』国立教育政策研究所

◇久保田真弓、鈴木有香（2020）「オンライン操作のでの躓き：デザイン言論からの分析」『日本教育メディア学会第 27 回年次大会発表集録』pp.66-67

◇田中信彦（2020）「Zoom とはどんな企業なのか 中国生まれがつくった『中国らしくない会社』」 "business leaders square wisdom"
参照　https://wisdom.nec.com/ja/series/tanaka/2020042401/index.html （2020年4月23日閲覧）

◇藤本かおる（2019）「教室への ICT 活用入門」株式会社国書刊行会

◇D.W. ジョンソン、R.T. ジョンソン、K.A. スミス（2001）『学生参加型の大学授業：協同学習への実践ガイド』玉川大学出版部 岡田一彦監訳

◇Jacobs,G.M.,Power,M.A.,&Loh,I.W.（2002）The teacher's sourcebook for cooperative learning:Practical techniques, basic principles,and frequently asked questions.Thousand Oaks,CA:Corwin Pres,Inc.

＜学生協力者＞

■協力

桜美林大学　リベラルアーツ群
2020 年度　鈴木ゼミ　メンバー

板倉香穂	田口翔子	三上瑠璃亜
井塚百音	戸上優海	三宅祥奈
入山萌香	中沢慎也	森坂裕太
栗田航暉	野島絵里	渡辺真梨子
砂田拓摩	原口　令	
関谷大雅	本間　祭	その他　桜美林大学の学生有志

■著

きしだのりこ
岸田典子

マーケティング・リサーチコンサルタント、オンライン・ワークショップデザイナー。
早稲田大学にて教育心理学を専攻後、マーケティング・リサーチ会社に勤務し、さまざまな業種のリサーチ、調査手法の開発、企業との共同研究に携わる。リサーチ・コンサルタントとして独立後、Zoom を活用したオンライン研修やワークショップ開発にも関わる。大手企業、教員向けのオンライン研修を実施。オンラインハイブリッド・チーム F 所属、日本ファシリテーション協会、日本マーケティング・リサーチ協会（JMRA）会員。
本書に関わる研修のご依頼は、岸田典子オフィス：noriko.kishida01@gmail.com　まで。

すずきゆか
鈴木有香

早稲田大学紛争交渉研究所招聘研究員、桜美林大学、明治大学兼任講師。
コロンビア大学ティーチャーズ・カレッジにて修士号取得。カリフォルニア州立大学サンタバーバラ校の教壇に立ったのち、異文化教育コンサルタントとして活躍。異文化シミュレーション「エコトノス」をオンライン用にデザイン。国内大手企業の異文化、ダイバーシティ、交渉のオンライン研修も担当している。主な著書に『人と組織を強くする交渉力』（自由国民社）、翻訳書『コンフリクト・マネジメントの教科書』（東洋経済出版社）など。

■協力

Link and Create 代表
ハイブリッドオンライン・チーム F 主宰
ふくしま　たけし
福島　毅

●キャラクターデザイン──是村ゆかり
●表紙デザイン・本文基本デザイン──ニシ工芸

**オンライン授業のための
Zoom レッスン**
簡単にできるアクティブラーニングのコツ

2021 年 5 月 6 日　初版第 1 刷発行

●執筆者　　岸田典子　ほか1 名(別記)
●発行者　　小田良次
●印刷所　　壮光舎印刷株式会社

●発行所　　実教出版株式会社
〒102-8377
東京都千代田区五番町 5 番地
電話 ［営　　業］ (03)3238-7765
　　 ［企画開発］ (03)3238-7751
　　 ［総　　務］ (03)3238-7700
https://www.jikkyo.co.jp/

無断複写・転載を禁ず

© N. Kishida, Y. Suzuki 2021

ISBN978-4-407-35250-4　C3055

Printed in Japan